essentials

Essentials liefern aktuelles Wissen in konzentrierter Form. Die Essenz dessen, worauf es als „State-of-the-Art" in der gegenwärtigen Fachdiskussion oder in der Praxis ankommt. Essentials informieren schnell, unkompliziert und verständlich.

- als Einführung in ein aktuelles Thema aus Ihrem Fachgebiet
- als Einstieg in ein für Sie noch unbekanntes Themenfeld
- als Einblick, um zum Thema mitreden zu können.

Die Bücher in elektronischer und gedruckter Form bringen das Expertenwissen von Springer-Fachautoren kompakt zur Darstellung. Sie sind besonders für die Nutzung als eBook auf Tablet-PCs, eBook-Readern und Smartphones geeignet.

Essentials: Wissensbausteine aus Wirtschaft und Gesellschaft, Medizin, Psychologie und Gesundheitsberufen, Technik und Naturwissenschaften. Von renommierten Autoren der Verlagsmarken Springer Gabler, Springer VS, Springer Medizin, Springer Spektrum, Springer Vieweg und Springer Psychologie.

Systemische Bionik

E. W. Udo Küppers

Impulse für eine nachhaltige gesellschaftliche Weiterentwicklung

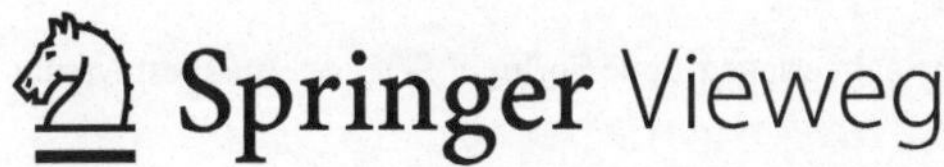

Dr.-Ing. E. W. Udo Küppers
Küppers-Systemdenken
Bremen
Deutschland

ISSN 2197-6708   ISSN 2197-6716 (electronic)
essentials
ISBN 978-3-658-09211-5   ISBN 978-3-658-09212-2 (eBook)
DOI 10.1007/978-3-658-09212-2

Die Deutsche Nationalbibliothek verzeichnet diese Publikation in der Deutschen Nationalbibliografie; detaillierte bibliografische Daten sind im Internet über http://dnb.d-nb.de abrufbar.

Springer Vieweg

Was Sie in diesem Essential finden können

- Einen historischen Blick in die Entwicklungsgeschichte der Bionik.
- Erkenntnisse über die Arbeitsweise der Bionik, insbesondere der Systemischen Bionik.
- Die Erkenntnis, dass Wissenschaft politisch ist.
- Einblick in die Präsentation realitätsnaher Wirkungsnetze und deren Funktionalität.
- Wie wertvoll unsere Natur als Lebensgrundlage und Ideenlieferant für die Bionik ist und wie wir damit umgehen.
- Wohin uns Strategien und Lösungen der Systemischen Bionik – aus dem Blickfeld der Nachhaltigkeit – führen können.

Vorwort

„Die friedliche Ahnungslosigkeit der Gesellschaft angesichts einer völligen Ein-
flußnahme bestimmter Kräfte war in den letzten Jahren nicht zu überbieten [...]. "
Unter anderem mit diesen Worten schrieb Viviane Forrester 1997 ein eindrucks-
volles Plädoyer gegen den zynischen Einfluss und die Macht der Weltwirtschaft,
gegen die Bevormundung von Bürgern und ganzen Gesellschaften, aber auch
gegen die Lethargie politischer Entscheider. Ist Forresters Anklage noch zeitge-
mäß? Und vor allem: Was hat sie mit Systemischer Bionik zu tun?

Diese *friedliche Ahnungslosigkeit* und *Bevormundung* der Bürger hat angesichts
der weltweiten und nicht nachlassenden Zerstörung unserer Natur keine geringere
Bedeutung als die Frage nach dem Überleben. Die Natur ist nun einmal unsere
einzige Lebensgrundlage und nebenbei unser einziges echtes Werte-Reservoir für
die Existenzberechtigung der Bionik.

Unzählige, qualitativ unübertroffene „Überlebenstechniken" sind ein Naturge-
schenk an uns und eine technische Herausforderung zugleich. Wenn wir die seit
Jahrmilliarden kluge und geschickte Vorgehensweise der natürlichen Entwicklungsstrategie – mit Blick auf die *vernetzten Zusammenhänge* – studieren und für
uns nutzbringend und nachhaltig anwenden, halten wir eine unbegrenzte Ressource
des Fortschritts in Händen. Sie durch die Systemische Bionik fehlertolerant für
praktische Vorhaben in gesellschaftlichen Räumen aufzubereiten, setzt eine *ganz-*
heitliche Herangehensweise voraus, deren gesamtgesellschaftliche Bedeutung
noch nicht wirklich wahrgenommen wird.

Es ist daher kaum verwunderlich, dass noch eine bedeutende Zahl *bestimmter*
Kräfte im gesellschaftlichen Umfeld ihr anerzogenes und trainiertes (mono)kausa-
les Denken und Handeln eher auf ein begrenztes Lebens- und Arbeitsumfeld fokus-
sieren, das ihnen nützlich erscheint, als auf die ganzheitliche, deutlich komplexere
und nur mit systemischem Blick zu erfassende – Wirklichkeit.

Mit der praktikablen, stark komplexitätsreduzierten und somit überschaubaren kausalen Handlungsanleitung werden gesellschaftliche Teufelskreise[1] produziert, die nicht selten Auslöser von Folgeproblemen und Katastrophen sind.

Dem steht die ganzheitliche vernetzte Handlungsanleitung gegenüber. Der eigentliche Wert dieser sogenannten systemischen Lösungsstrategie dürfte sich weniger in kurzfristigen vergänglichen Erfolgen als vielmehr in der Stärkung vorausschauender langfristiger Wirkungen mit deutlich geringeren Belastungen zeigen, wobei die überlieferte Zen-Weisheit hilft:

Hast du es eilig, so mache einen Umweg.

---

[1] Teufelskreis wird jede Art von kausaler Ursache-Wirkung-Rückkopplung genannt, die zu aufschaukelnden, gegenseitigen Verstärkungen bzw. Richtung Stillstand führenden Schwächungen und letztlich zu einem „Point of no Return" führt, sofern er nicht Teil eines ausgewogenen, stabilitätsorientierten komplexen Wirkungsnetzes ist.

Inhaltsverzeichnis

Historischer Blick nach vorn 1

Das späte Mittelalter – Ende des 15./Anfang des 16. Jahrhunderts – neigte sich dem Ende zu und mit ihm die Ritterschaft, die bis dahin großen Einfluss auf das höfische und militärisch beeinflusste, gesellschaftliche Leben besaß. – Wobei mittelalterliche Gewohnheiten bis in die Gegenwart fortbestehen (Fuhrmann 1998). Es begann eine „Zwischenzeit" zur sogenannten Neuzeit. Die gesellschaftlichen Strukturen wandelten sich zusehends. Kaufleute, Fernhandel, Entdeckungsreisen und philosophische Strömungen (Nicolo Machiavelli, Erasmus von Rotterdam oder Vergil) spielten eine wesentliche Rolle in dieser Zwischenzeit-Epoche, die auch eine *„Zeit des Umbruchs"* oder *Renaissance* – deutsch: Wiedergeburt – genannt wird.

In dieser wechselvollen Zeit lebte Leonardo da Vinci (1452–1519). Aus heutiger Sicht ist kaum nachvollziehbar, welche universellen natur- und ingenieurwissenschaftlichen Leistungen Leonardo erbracht hat. Nicht nur dass er als Maler, Bildhauer, Architekt und Waffenerfinder Außergewöhnliches vollbrachte. Seine scheinbar unstillbare Neugier galt ebenso Naturphänomenen (Abb. 1.1) und der Konstruktion von Maschinen bzw. Apparaturen (Abb. 1.2) (beide Skizzen aus Mathé, 1980).

Leonardos Interessengebiete waren scheinbar unerschöpflich. Grenzen, die seinen Wissensdurst einengen, kannte er kaum, wie seine vielfältigen belegbaren Arbeiten beweisen. Um es mit der heutigen Ausdrucksweise zu formulieren: Leonardo war Generalist und Spezialist zugleich; er orientierte sich im globalen und lokalen Umfeld.

© Springer Fachmedien Wiesbaden 2015
E. W. Udo Küppers, *Systemische Bionik*, essentials,
DOI 10.1007/978-3-658-09212-2_1

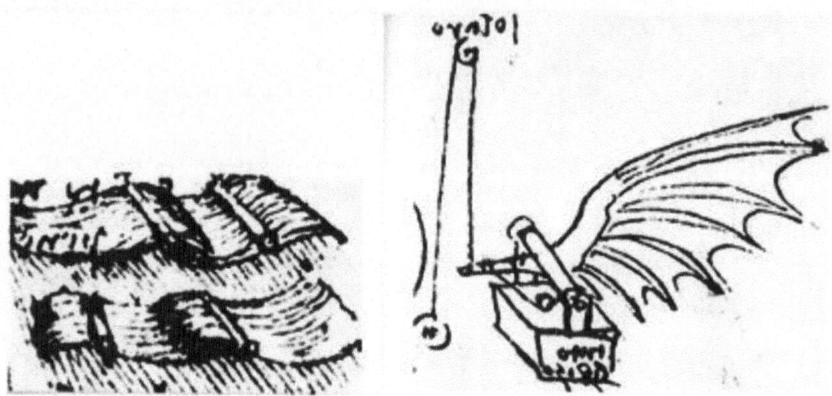

Abb. 1.1 Leonardos Skizzen einer Vogelfeder (*links*) und einer Apparatur zur Muskelkraft-messung eines Vogels (*rechts*) zeigen seinen Blick fürs Detail und fürs Experiment

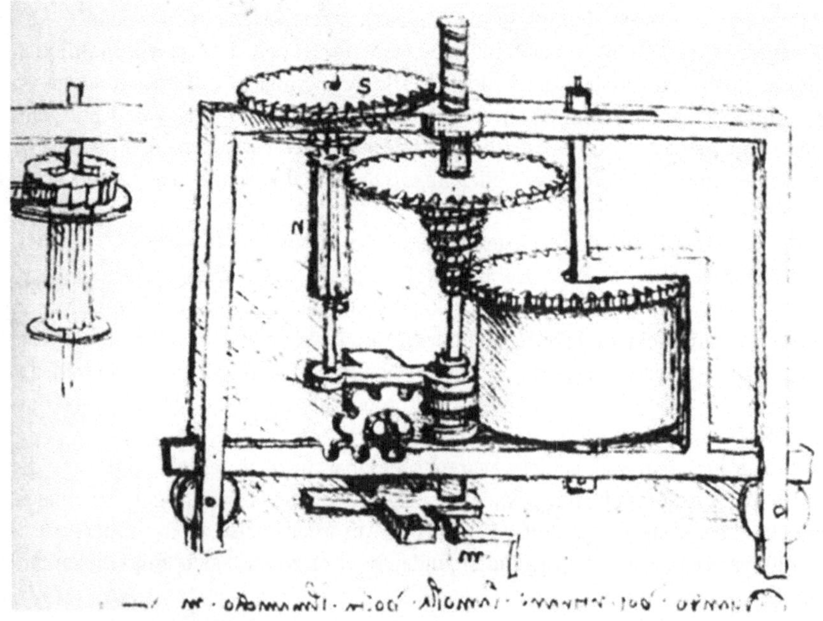

Abb. 1.2 Leonardos Konstruktion eines gestuften Stirnrad-Getriebes beweist – neben vielen anderen Apparaturen – seine herausragende ingenieurtechnische Begabung

Natur und Technik sind die beiden großen Sphären, aus denen durch neugieriges Hinschauen, schöpferisches Entwerfen, Konstruieren und Fertigen das entsteht, was wir heute die grenzüberschreitende Wissenschaftsdisziplin Bionik nennen. Insofern kann mit Fug und Recht behauptet werden, dass Leonardo da Vinci ein früher – vielleicht der erste – Bioniker war, der sich das Grenzgebiet zwischen Natur und Technik zu eigen gemacht hat, um daraus naturinspirierte Lösungen für technische Apparaturen zu entwerfen. Als Ingenieur- und Naturwissenschaftler hat er beide Disziplinen genial miteinander verbunden. Mit Sicherheit war er, was dies betrifft, seiner Zeit Jahrhunderte voraus.

> *Bionik*, ein Kunstwort aus den Silben *Bio…* von *Biologie und…nik* von *Technik*, analysiert *und* nutzt die unermesslich große und vernetzte Biodiversität der Natur, mit ihren höchst wirksamen werthaltigen Prinzipien, Konstruktionen und Prozessen für technosphärische Lösungen.
>
> Nicht das reine Kopieren natürlicher Effizienzlösungen, sondern das genaue Hinschauen und Erkennen von Details *und* Zusammenhängen sowie die Berücksichtigung von Randbedingungen zwischen natürlichem Vorbild und technischer Nachahmung führt in der Regel zu fehlertoleranten nachhaltigen Bionik-Ergebnissen.

Der große Sprung ins technisch-wirtschaftlich getriebene 19. bzw. 20. Jahrhundert führte zu einem neuen Anfang – einer zweiten Entwicklungsphase der Bionik. Flugpioniere wie Louis Mouillard (1834–1897), Otto Lilienthal (1848–1896) und Igo Etrich (1879–1967) hatten daran einen bedeutenden Anteil und stehen stellvertretend für viele andere. Siehe auch: Lilienthal 1889, Hertel 1963, Heynert 1976, Nachtigall 1998, Kahn 2011, Wallace et al. 2014.

Die *Strömungsbionik* war – und ist noch heute – ein bevorzugtes Tätigkeitsfeld für *bionische* Lösungen. Erinnert sei auch an Arbeiten von M. O. Kramer, der eine künstliche Delfinhaut für Schiffsrümpfe konstruierte. Seine Beobachtung der bis zu 80 km/h schnell schwimmenden Säugetiere während einer Fahrt mit einem Ozeandampfer, der von Delfinen spielend überholt wurde, gab wohl den Ausschlag für die künstliche bionische Schwimmhaut.

Die aerodynamisch perfektionierten Flügel von Vögeln sind und bleiben bis heute – und noch bis weit in die Zukunft – unerreicht für die Bionik technischer Flugzeuge jeder Art, nicht nur was die Flugeffizienz, sondern auch was die relative Leichtigkeit, Multifunktionalität und Flugsicherheit betrifft. Die im Vergleich zu den Vogelflügeln noch sehr bescheidenen Funktionen von starren Winglet-Tragflügelkonstruktionen heutiger großer Passagierflugzeuge[1] beweisen dies allemal (siehe auch Küppers 1983). Es bleibt also noch viel Raum für neugierige Forscher

---

[1] www.airbus.com/innovation/proven-concepts/in-design/winglets und www.boeing.com/commercial/aeromagazine/articles/qtr_03_09/article_03_1.html (Zugriff 27.12.2014).

und Entwickler auf dem Gebiet der Bionik im Allgemeinen und der Strömungs-bionik im Speziellen.

In der *Architekturbionik* sorgte Sir J. Paxton (1803–1865) mit seinem Glas-Stahl-Leichtbau eines Gewächshauses nach dem biologischen Konstruktionsvor-bild der Riesenseerose *Victoria-amazonica* 1864 sowie dem auf der Londoner Weltausstellung 1850/51 erbauten Kristallpalast für Aufsehen.

Norbert Wiener (1894–1964) wies mit seinem Buch über *Cybernetics or con-trol and communication in the animal und the machine* von 1948 – zusammen mit anderen Computer-Pionieren wie beispielsweise *Claude Shannon* – den Weg ins heutige Zeitalter der Computer und Roboter (*Bionische Informatik und Robotik*).

Viele weitere Pioniere haben sich um die Bionik bis in die Gegenwart verdient gemacht und werden – so die Hoffnung – auch in Zukunft nicht kapitulieren vor der ökonomisch getriebenen Technik, unter der unsere wertvolle Lebensgrundlage, die Natur mit ihren perfekt an den Lebensfortschritt angepassten Mechanismen vielfach zu leiden hat.

> Wenn wir rückblickend fragen, wer hat das Kunstwort Bionik, dessen definitorische Bedeutung vorab erläutert wurde, in den Sprachschatz eingeführt, dann weist uns der Weg direkt zum 1. Bionics Symposium: Living Prototypes – the Key to New Technology in Dayton, Ohio, USA, im Jahr 1960. Dort kreierte der amerikanische Luftwaffenmajor Jack E. Steele das englische Wort *bionics,* eine Verbindung aus dem griechischen Stammwort *bios* (Leben) und dem Sufix *ionics,* (Studium von…). Geleitet wurde die Konferenz übrigens von Heinz von Foerster, einem Pionier der Kybernetik und Systemforschung, worauf die in diesem Essential thematisierte *Sys-temische Bionik* besonderen Bezug nimmt.

Im Anschluss an diese erste Impulskonferenz der Bionik haben sich – mit dem üblichen periodischen Auf und Ab bionischer Interessen und Entwicklungen eine Vielzahl an Konferenzen und noch mehr wissenschaftliche, technische Veröffent-lichungen zum Thema Bionik weltweit ausgebreitet.

Wenn wir den historischen Blick in die Bionik wieder auf die Gegenwart bio-nischer Aktivitäten lenken, die zunehmend neue Spezialgebiete wie *Bionische Ro-botik, Mikro- und Nanobionik* oder auch die nicht unbedeutende *Bionik der Verpa-ckung* (Verpackungen erfüllen immerhin eine Querschnittsaufgabe in der Gesell-schaft!) hervorgebracht haben, kann nüchtern festgestellt werden:

1. Die Zahl Jahr für Jahr neu- oder weiterentwickelten bionischen Lösungen in immer neu erschaffenen Arbeitsbereichen ist imposant! Ob sie nun den Weg von einer akribischen Naturanalyse zum technischen Produkt einschlagen (man spricht von Bottom-up-Strategie) oder ob sie aus einem technischen Problem-

umfeld heraus den Blick in das Effizienz-Reservoir der Natur lenken (Top-down-Strategie) und von dort wieder in die technische Realisierung zurück führen, ist gleichbedeutend.[2]

2. Gemessen an der gefühlten Zahl von erzielten Bionik-Lösungen, die der Autor seit nunmehr über 30 Jahren praktischer und lehrender Bionik-Erfahrung stetig registriert, ist die Zahl der bionischen Produkte, die sich im Verdrängungswettbewerb des Marktes nachhaltig fehler- und folgentolerant durchgesetzt haben, sehr gering!

3. Bionik-Lösungen, so raffiniert, so funktional und so effizient sie auch sein mögen, liefern noch keine Gewähr für deren ökonomische Praktikabilität, ökologische Verträglichkeit und soziale Nützlichkeit – weder im Einzelnen noch erst recht im Verbund!

Woran liegt das?

Ein wesentlicher Grund dafür ist in der immer noch bevorzugten Strategie der Bionik zu finden, die sich an dem *biologisch-technisch transformierten Prinzip linear-kausaler Schlussfolgerung* orientiert. Aus der Summe der geschöpften naturintelligenten Prinzipien, Produkte, Verfahren und Organisationen stellt die Gruppe der Produkte die größte Zahl aller bionischen Lösungen. Verknüpft mit der bionischen Entwicklung ist in der Regel die fachlich eng begrenzte Analyse biologischer Effekte, konstruktiver Details, spezieller Formen, Strukturen oder Oberflächen mit überwiegend direktem Fokus auf das technische Resultat. Das erkannte biologische Vorbild-Merkmal wird auf nahezu direktem Weg einer technisch-analogen Lösung zugeführt. Daraus sind viele imposante bionische Lösungen entstanden und entstehen nach wie vor.

---

[2] Eine bionische „Bottom-up-Strategie" spiegelt sich in der systematischen Untersuchung von Blattoberflächenstrukturen wider, die schließlich zum sogenannten Lotus-Effekt® führten (Barthlott und Neinhuis 1997). Ein Effekt, der Blattoberflächen – insbesondere die der Lotuspflanze – bei Benetzung säubert.

Demgegenüber wurde der sogenannte *Mäander-Effekt*® nach der „Top-down- Strategie" entwickelt (Küppers 2007). Ein Effekt, der sich aus der entropiearmen Umlenkung mäandernder Fließgewässer ableiten lässt. Der Entwicklungsursprung ist in diesem Fall der Technik zuzuordnen, im Bereich energieverschwendender Strömungsprozesse in Form- bzw. Verzweigungsstücken von Rohrsystemen.

Zu ergänzen ist, dass der *Mäander-Effekt*® kein lupenreines Bionik-Resultat nach dem Vorbild aus der belebten Natur ist. Er ist eher das effiziente nachhaltige Technikergebnis einer „Bio-Geonik" (*Biologie-Geologie-Technik*), welches aus Beobachtungen in belebter *und* unbelebter Natur hergeleitet wurde. Das Beispiel zeigt darüber hinaus sehr schön, wie sich in beiden vernetzten Sphären der Natur derselbe Effekt – unter differenzierten Randbedingungen – wirkungsvoll in Szene setzt.

Selten werden die biologischen Vorbildeffekte in Ihrem *natürlichen vernetzten Gesamtzusammenhang* analysiert und bewertet. Noch seltener wird die natürliche organismische Vernetzung eines biologischen Effizienzmerkmals (z. B. eine brandhemmende Baumborke) der technischen Vernetzung eines potentiellen Bionik-Produkts (z. B. Isolations- oder brandhemmendes Verbundmaterial) gegenübergestellt, fehleranalysiert, adaptiert und optimiert für ein nachhaltiges, umweltverträgliches, wirtschaftliches und sozialverträgliches Bionik-Ziel.

Mitunter führen übereilte Entwicklungen der Bionik zielgenau in eine Sackgasse oder in ein Museum für *verhinderte* Bionik-Lösungen.

> Eine *Produkt-Bionik*, die über Jahrmillionen bzw. Jahrmilliarden natürlich optimierte und durch schärfste Qualitätskontrollen geprüfte Effizienzresultate der Natur *nicht* im vernetzten komplexen Zusammenhang analysiert, hat sich überholt. Denn die damit eng verbundenen kausalen Wenn-dann-Lösungen fokussieren – aus rein ökonomischer Sicht – zu schnell und zu einseitig eine kosteneffiziente Teilnahme am Marktgeschehen. Aus der Sicht heutiger lokaler und globaler Technik-Problemlösungen, deren Ergebnisse – und mögen sie noch so funktional und kosteneffizient sein – selten ohne, teils exorbitante, erwartete bzw. unerwartete zeitversetzte Folgeprobleme sind, scheint es geradezu zwingend, den Wechsel zu einer neuen systemorientierten Sicht der Bionik und anderer Disziplinen einzuleiten.

Naturprinzipien zu entdecken ist die edelste, aber auch anspruchsvollste Art, Bionik zu betreiben. Hierzu zählen unter anderem Darwins Evolutionsprinzip, das biomechanische adaptive Spannungsprinzip oder das vielfach parallel entwickelte „Sandwich"-Prinzip von in Wasser und an Land lebenden Organismen oder Prinzipien neuronaler Vernetzungen.

Die Hinwendung zu einer *Bionik vernetzter Prozesse* fasst allmählich Fuß. Sie kann mit ihrem Blick auf reale komplexe[3] Probleme, mit deren fehlertoleranten Lösungen wir uns in unserem gesellschaftlichen Umfeld äußerst schwertun, ein erfolgversprechender Ansatz sein. Warum? Aus zwei entscheidenden Gründen:

1. Weil die evolutionäre adaptive Naturstrategie selbst, mit ihren Myriaden vernetzter optimierter Organismen, ein höchst wirksames Strategie- und Prozess-Vorbild ist für fehlertolerante nachhaltige Lösungen in unserer biotechnosphärischen Umwelt. Individuelle Höchstleistungen, die wir bei Pflanzen und Tieren gleichermaßen entdecken und die das Ergebnis evolutionärer Ausleseprozesse unter schärfsten Qualitätskontrollen sind, konnten sich nur im Rahmen einer dynamischen wirkungsvernetzten Umwelt entfalten.

---

[3] Komplexe Zustände oder Prozesse werden näher in Kap. 2.4 erläutert. Hier sei nur kurz erwähnt, dass *komplex* bzw. *Komplexität* eine universelle Eigenschaft der Natur ist.

2. Weil nur ein *vernetztes Denken und Handeln* die Gewähr für nachhaltige – in unserem Fall – bionische Lösungen bietet und zudem unsere Fähigkeit stärkt, mit dem Unerwarteten(!) realistischer, das heißt problemvorausschauender umzugehen.

Damit eng verknüpft ist auch das gegenwärtige, schwierige wirtschaftlich- gesellschaftliche Umfeld, das sich mit den Begriffen Folgeprobleme und *„Rebound-Effekt"*[4] beschreiben lässt.

Nebenbei: Die Natur kennt keinen „Rebound-Effekt"! Sie hält nur Strategien bereit, die ein ausgewogenes Verhältnis zwischen qualitativen und quantitativen Fortschritten im Verbund ermöglichen. Das ist nachhaltig par excellence!

Kleiner Exkurs Bildung

Seit frühester Kindheit werden wir in unserer Kultur erzogen, Probleme zu lösen mit der methodischen *Wenn-dann-Kausalität*. Auf eine Ursache folgt eine Wirkung und so weiter. Dies zieht sich durch alle schulischen Etappen, bis zum universitären Abschluss. Es dominieren Fachwissen und spezifische Detailkenntnisse, die unstreitig zu Fortschritten und Erfolgen führen. Die Realität, in der wir leben, wird dadurch jedoch selten oder gar nicht erkannt! Wir sehen ab und an nur *unerwartete Folgen* dieser kausalen Lernstrategie und wundern uns.

Was wir nicht konsequent genug lernen ist, mit komplexen Zuständen und Zusammenhängen in unserem privaten und beruflichen Lebensraum angemessen umzugehen. Angemessen heißt: achtsame Problemvorbeugung, statt folgenreiche Problemnachsorge zu betreiben! Vernetztes Denken und Handeln ist dafür nun mal *die* Voraussetzung! Und damit verbunden ist auch ein angemessener *entschleunigender Lern-Zeitrahmen!*

---

[4] Mit „Rebound-Effekt" oder „Abprall-Effekt" im energetischen, ökonomischen Sinn wird ein Prozess beschrieben, der in einem ersten Schritt zu Qualitätsverbesserungen von Produkten führt und in einem zweiten quantitativen Folgeschritt die qualitativen Vorteile wieder zunichtemacht, sie sogar deutlich ins Gegenteil kehren kann. Ein Beispiel hierfür sind PKW mit individuell verbessertem geringeren Treibstoffverbrauch und dadurch geringerer Umweltbelastung. Erhöhte Verkaufszahlen neutralisieren jedoch diese energetisch-ökologischen Vorteile bzw. kehren sie – mit höheren Negativwerten – um.

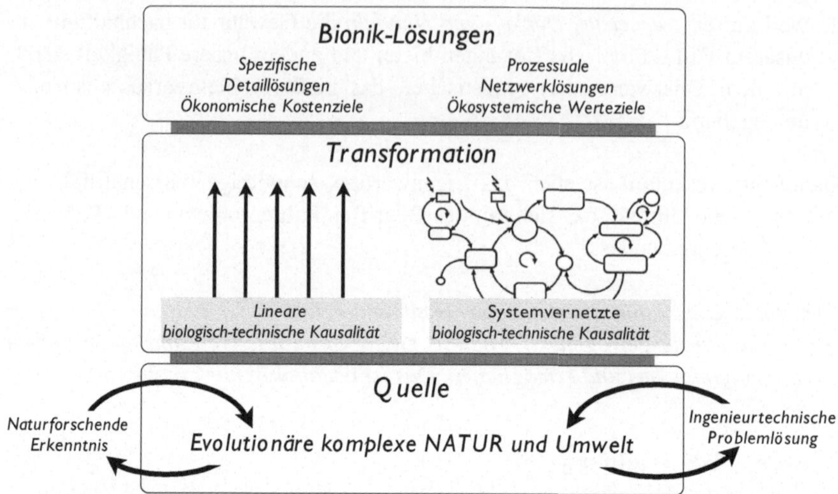

Abb. 1.3 Gegenüberstellung klassischer linearer (*links*) und zukunftsweisender systemischer (*rechts*) Bionik-Transformationen

Zurück zur Bionik. Eine Zeit gesellschaftlichen Umbruchs gab *Leonardos da Vinci* die Freiheit seines Denkens und genialen (bionischen) Handelns.

Heute leben wir ebenso in einer neuzeitlichen Renaissance, die uns – trotz aller virtuellen und realen Widerstände – die Freiheit gibt, andere Wege als die ausgetretenen Pfade der Vergangenheit einzuschlagen. Für die Bionik heißt dieser neue Weg *Systemische Bionik* (siehe Abb. 1.3 rechter Transformationspfad), der charakterisiert ist durch Schlüsselbegriffe, wie sie nun im Detail erläutert werden.

Schlüsselbegriffe zu Systemischer Bionik   2

2.1   Systemisch – wirkungsvernetzt

Die Bedeutung des Adjektivs *systemisch* führt uns dahin, ein bestimmtes System als Ganzes zu sehen beziehungsweise die Funktion eines Systems *ganzheitlich* zu betrachten und zu werten. Diese Schlussfolgerung resultiert aus der Beschreibung dessen, was ein *System* ist und nicht ist (vgl. Vester 1985, S. 27). Im vorliegenden Kontext wird der Systembegriff biologisch-technisch verwendet. Demnach besteht ein System aus:

1. mehreren Elementen
2. unterschiedlichen Elementen
3. Elementen, die in bestimmter Weise miteinander wirkungsvernetzt sind.
4. Ändern sich Systemelemente, dann ändert sich auch die „Charakter"-Eigenschaft des Systems.

Die Wirkungsbeziehungen können physikalisch-chemisch (energetisch, stofflich) oder rein informativ (kommunikativ) – also physisch nicht fassbar – sein.

Das essentielle Merkmal eines Systems ist die *Wechselwirkung – Rückkopplung* der Elemente untereinander. Daraus folgt die dritte Systemeigenschaft.

Die genannten Systemeigenschaften treten auch auf, wenn mehrere Systeme oder Teilsysteme unterschiedlicher Eigenschaften miteinander wechselwirken.

Nebenbei sei noch erwähnt, dass *lebende Systeme* immer *offene Systeme* sind; System also, die sowohl Energie als auch Materie mit der Umwelt austauschen.

© Springer Fachmedien Wiesbaden 2015
E. W. Udo Küppers, *Systemische Bionik,* essentials,
DOI 10.1007/978-3-658-09212-2_2

Die Mutter aller Systeme ist die evolutionäre Natur selbst. Sie spiegelt sich durch System-Vernetzungen unvorstellbaren Ausmaßes wider, die zugleich Garant sind für die adaptive Weiterentwicklung, gerade wegen ihrer permanenten Wechsel von Systemeigenschaften. In dieser *realen Systemumwelt* führen immer mehrere Ursachen auf eine Wirkung und mehrere Wirkungen auf eine Ursache.

Die weit verbreitete, idealisierte Vorstellung, Probleme in unserer realen komplexen Umwelt durch monokausale Verkettung von Ursache und Wirkung lösen zu wollen, zeigt nur eines: unsere enormen Schwierigkeiten, die Realität zu erfassen, wie sie ist, und sie nicht so zu „biegen", wie wir sie gerne hätten! Die zunehmende Anhäufung enormer Folgeprobleme und -kosten aus mangelhaften Organisationen und rein ökonomisch gesteuerten Investitionen (kommunale Schuldenhaushalte, marode Infrastruktur, verschwenderischer Rohstoffabbau, Finanzexzesse, Luftverschmutzung, innergesellschaftliche Sozialkonflikte, bionischen Fehlentwicklungen, um nur einige zu nennen) sind ursächlich Auslöser eines ungenügenden Systemverständnisses.

Alle Schlüsselbegriffe schließen mit Praxisbeispielen aus Biologie/Umwelt und Technik, die dem geneigten Leser einen realen Bezug – vielleicht zu seiner eigenen Umwelt – vermitteln möchten.

Beispiele aus der Biologie/Umwelt Das biologische System *gesunde Möwe* inkorporiert durch „Vermüllung" der Meere Mikro-Kunststoffteilchen, die den Organismus stark schädigen und nicht selten töten. Zugegeben, ein Extremfall von System-Wechselwirkung, die in ihrer Ausbreitung und ökosystemischen Belastung leider zunehmen. Siedelt sich in einem Biotop (z. B. ein Mischkulturwald unterschiedlicher Baumarten) vermehrt eine dominante artfremde Pflanze (Tendenz zu Monokulturwald) an, wodurch die *gesunde* Wechselwirkung zwischen den ursprünglichen Organismen (Pflanzen und Tieren) verändert bzw. zerstört wird, dann führt dies nachhaltig zu einem neuen Systemzustand.

Beispiele aus der Technik Der Ersatz eines Zahnradgetriebes durch ein Zahnriemen in einem System Maschine ändert die Systemeigenschaft, z. B. durch verbesserte Laufruhe und geringeren Geräuschpegel. Wird die Struktur einer hierarchisch aufgebauten starren Bürokratie durch eine Struktur hochachtsamer vernetzte Abläufe ersetzt, ändert sich die kommunikative Wechselwirkung zwischen den Systemelementen (z. B. Büro, Abteilung, Bereich etc.) und somit auch die Charakter-Eigenschaft des Systems.

2.2 Kybernetisch – biokybernetisch

„Kybernetische Systeme weisen allgemeine Merkmale wie *Regelung, Informationsverarbeitung und -speicherung, Adaption, Selbstorganisation, Selbstreproduktion, strategisches Verhalten* u. a. auf." (Klaus und Liebscher, Hrsg. 1976). Die Entwicklung der Kybernetik in anderen Disziplinen wie Psychologie, Philosophie, Medizin oder Wirtschaftswissenschaften sei nur am Rande erwähnt.

Worauf zielt die kybernetische Entwicklung? Sie versucht Strukturen und Funktionen dynamischer Systeme, also verschiedene Arten von Bewegungsformen der Materien, die in der Natur weit mehr als in der Technik zu finden sind, mathematisch zu beschreiben und zu modellieren. „Insofern deckt die Kybernetik Gesetzmäßigkeiten (kybernetischer) dynamischer Systeme auf, die für mehrere Bewegungsformen [...] gelten können" (Klaus und Liebscher, S. 319 f.). Wobei wir den Bogen zu dem in Kap. 1 genannten Kybernetik-Pionier und Mathematiker Norbert Wiener spannen, der sich – wie erwähnt – um Gesetzmäßigkeiten systemübergreifender, regelungstechnischer Prozesse in lebenden und technischen Systemen verdient gemacht hat.

Ohne den geringsten Zweifel ist in der evolutionären Natur der Ursprung kybernetischer Systementwicklungen zu finden, die bis heute mit höchster Effektivität und Effizienz wirken. Biologische Regelungs- bzw. Kreislaufprozesse, die ineinandergreifen und auf diese Weise Störeinflüsse geschickt austarieren – streben nach einem thermodynamischen Gleichgewicht. Es sind, wie Frederic Vester (1985, S. 54) schreibt, „[...] Impulsvorgaben zur Selbstregulation, Antippen von Wechselwirkungen zwischen Individuum und Umwelt, Stabilisierung von Systemen und Organismen durch Flexibilität, Nutzung vorhandener Kräfte und Energien und ständiges Wechselspiel mit ihnen."

Biokybernetische Entwicklungen verbinden beispielsweise Erkenntnisse aus biologischen Regelungsprozessen mit der Kybernetik. Jedoch führen weder kybernetisch interpretiert rein biologische Einsichten noch biologisch interpretiert rein kybernetische Einsichten zu einem werthaltigen Ziel. „Kybernetisches und biologisches Herangehen im (biokybernetischen) Erkenntnisprozess sind vielmehr untrennbar miteinander verbunden" (Klaus und Liebscher, S. 322). Darin spiegelt sich auch der Gedanke eines ganzheitlichen vernetzten Vorgehens bei der Entwicklung komplexer, disziplinübergreifender Lösungen wider; genau so, wie er der *Systemischen Bionik* innewohnt!

Beispiele aus der Biologie/Umwelt Der Stoffwechselprozess – Metabolismus – in jedem Organismus ist gekennzeichnet durch eine Vielzahl vernetzter Regelungs- bzw. Kreislaufprozesse. Kleine gesundheitliche Störungen (Ungleichgewichte) werden durch selbstorganisierte Regelungsprozesse der Regeneration

(z. B. Wundheilung) wieder in ein stabiles dynamisches Gleichgewicht geführt. Biokybernetische Regelungsprozesse von „Räuber-Beute-Beziehungen" im Tierreich (Fauna) oder zwischen Pflanzen- und Tierreich (Flora und Fauna), wie z. B. der Bestäubungsvorgang zwischen Biene und Kirschblüte sind weitere Beispiele perfekt adaptierter und höchst funktionaler Regelkreisläufe der Natur.

Beispiele aus der Technik Wohl jedem bekannt ist die Regelung häuslicher Raumtemperatur für ein wohlfühlendes Wohnen durch Temperaturfühler, Heizleitung, Heizkörper und Energiewandlungssystem. Registriert der Messfühler z. B. fallende Außentemperatur, führt ein dadurch initiierter erhöhter Heizbedarf zu höherer Raumtemperatur und umgekehrt. Weitere Beispiele sind Regelungen von Geschwindigkeiten beim Autofahren (mit dem Menschen als integriertes(!) Regelungs- „Element"), von Flugzeugen (Autopilot) oder computerisierten Produktionseinheiten, z. B. in Roboter-Fertigungsstraßen von Unternehmen.

2.3 Selbstorganisieren – selbstreparieren – selbstreproduzieren

Alle drei genannten Tätigkeiten sind funktionale inhärente Bestandteile biologischer Systeme. Ihre kybernetische Stärke liegt in einem optimierten Energieeinsatz, minimalem Materialverbrauch und effizienter Kommunikation. Darin sind sie jedem technisch-kybernetischen System weit überlegen.

Beispiele aus der Biologie/Umwelt Kooperierende Zellen in Organismen als Selbstorganisationsprozess, die Selbstreparatur bei Verletzungen oder die Selbstreproduzierbarkeit der Träger unserer Erbsubstanz, der Desoxyribonukleinsäure DNS, die Selbstorganisation und Selbstreparatur bei gestörten statischen Spannungszuständen von Baumverzweigungen, Selbstorganisationsprozesse in neuronalen Netzwerken, die Selbstorganisation von Räuber-Beute-Beziehungen, Schwarmbildung bei Fischen und Vögeln u. v. m. prägen die außerordentliche Leistungsfähigkeit biologischer Systeme.

> Auch ein kleiner Exkurs in die Umweltsphäre von Zivilgesellschaften zeigt deutlich, dass Bürger-Widerstände gegen Zerstörungen von Natur und Umwelt, gegen selbstherrliche Entscheidungen von Politikern, gegen die hochbrisante aktuelle Asylstrategie der Europäischen Union u. v. m. zu den selbstorganisierten Prozessen - wenn auch mit stark differenzierten Zielen verbunden - zu zählen sind.

Beispiele aus der Technik Der Physiker Hermann Haken gilt als Begründer der *Synergetik*, die Wechselwirkungen von Elementen innerhalb eines komplexen dynamischen Systems analysieren. International bekannt wurde Haken durch seine Erklärung des Laser-Prinzips als ein physikalisch-technisches Prinzip der Selbstorganisation von Systemen des Nichtgleichgewichts (Haken 1982). Auch das bekannte Beispiel chemischer Musterbildung aus chaotischen Flüssigkeitszuständen – Belousov-Zhabotinsky-Reaktion – (Zhabotinsky 1964) zählt zu den selbstorganisierten Prozessen aus nichtbelebter Natur.

2.4 Komplex – emergent

„Warum wir erst anfangen, die Welt zu verstehen" ist der treffende Untertitel des lesenswerten Buches über Komplexitäten von Sandra Mitchell (2008). Wir können Mitchells Aussage voll und ganz zustimmen, denn viele Probleme in unserer Umwelt sind nicht zuletzt durch menschliches Fehlverhalten entstanden, durch unsere Unvermögen, mit komplexen Systemen angemessen umzugehen. Wir sollten allein aus dem Willen, eine nachhaltige Entwicklung zu fördern, alles daransetzen, unser Denken und Handeln danach auszurichten, komplexe Zusammenhänge deutlicher als bisher zu beachten und als Teil unseres Umgangs mit der Natur zu verinnerlichen. Das heißt nichts anderes, als dass wir unsere Entscheidungsfindungen, operativen Entwicklungen und strategischen Ziele realitätsnah an die vorherrschenden komplexen Zustände mit ihren vielfältigen Funktionen des Zusammenwirkens ausrichten müssen. Die unheilvolle Dominanz linear-kausaler Wirkungsverkettungen mit ökonomischen bzw. gesellschaftlichen Fortschritten suggeriert einen Pseudo-Wohlstand.[1] Zugleich führen oft unsichtbare Wirkungszusammenhänge im komplexen Umfeld zum Gegenteil dessen, was als Wohlstand deklariert wird.

Wir entwickeln – auch bionische – Produkte und Verfahren mit einem viel zu engen Blick auf die komplexen Realitäten in Natur und Technik und wundern uns über zunehmende Folgeprobleme. Von dieser Entwicklungsperspektive sollten wir uns schleunigst verabschieden. Dafür sollten wir mit Mitchell – nicht erst als Erwachsene – anfangen, unsere komplexe Umwelt zu verstehen.

Was wird nun komplex genannt oder was ist Komplexität?

Wenn wir den Versuch unternehmen, ein komplexes System allgemein zu beschreiben, könnte eine Definition lauten:

---

[1] Aus vernunftmäßig nicht nachvollziehbaren Gründen wird das sogenannte Bruttoinlandsprodukt – BIP – eine Kennzahl, die sich aus dem geschaffenen Gesamtwert aller Produktions- und Dienstleistungsgüter im Inland zusammensetzt, als Wachstumsindikator mit dem Wohlstand einer Gesellschaft gleichgesetzt! Das Irrationale und Absurde dieser künstlichen Beziehung erschließt sich dann, wenn bewusst wird, dass selbst die Kosten schlimmster Unfälle im Land in das Wachstums-Wohlstands-BIP einfließen und es - auf wundersame Weise - erhöhen!

Ein komplexes System besteht aus vielen verschiedenen, miteinander vernetzten und zeitlich veränderbaren Systemelementen.

Eine zweite, ergänzende Definition könnte so formuliert werden:

Komplexität ist eine vielschichtige, zeitlich beeinflussbare Gesamtheit von miteinander rückgekoppelten, gleichen und ungleichen Systemelementen (Objekte und Subjekte) auf hierarchisch geordneten Ebenen unterschiedlicher Qualitäten (Emergenz).

Wird Komplexität mit praktischen Handlungsfeldern, wie z. B. Evolution, Information, Mathematik, Wirtschaft, Gesellschaft oder Philosophie verknüpft, dann ergeben sich vielfältige Spezialfälle dessen, was komplex bedeutet. Hierzu kann auf umfangreiche Literatur verwiesen werden (vgl. u. a. Küppers und Küppers 2013; Mainzer 2008; Richter et al. 2002; Gomez et al. 1999).

Wesentlicher ist, die Perspektive zu erkennen, die sich einstellt, wenn wir reale Komplexität systematisch in unsere Planung, Entwicklung und Zielsetzung einbeziehen. Sandra Mitchell (2008, S. 114) beschreibt zwei Schlussfolgerungen:

1. *Robustheit von Szenarienanalysen bzw. Entwicklungsstrategien* statt maximale Erwartungen als Grundlage unserer Entscheidungen
2. *Gezielte Einbeziehung von Unsicherheiten* in unsere Zielstrategien statt überflüssiges Investieren in Reparaturprozesse.

Komplexität ist das Fundament unseres Lebens.

Wir müssen pfleglich damit umgehen. Ihr oft unsichtbares Netzwerk aus energetischen, stofflichen und kommunikativen Prozessen schützt uns in unserer Biosphäre und Technosphäre vor größeren Gefahren umso mehr, je verständlicher wir Wirkmechanismen erkennen und sie uns zunutze machen. *Rückkopplungen,* auf deren Bedeutung in diesem Essential immer wieder hingewiesen wird, sind das herausragende Funktionselement, das ein Wirkungsnetz – neben anderen – fehlertolerant lenkt. Wie wir Komplexität erkennen, um damit in einer für uns vorteilhaften Weise umzugehen, zeigt Tab. 2.1.

Natürliche komplexe Systeme gehen einher mit selbstorganisierten Prozessen, die wiederum zu emergenten Strukturen führen. *Emergenz,* der zweite Schlüsselbegriff in dieser Gruppe, besagt nichts anderes, als dass auf der untergeordneten Stufe eines Entwicklungspfades durch Wechselwirkung einzelner Elemente eine neue übergeordnete System-Eigenschaft entsteht, die nicht planbar oder vorhergesagt war. Die neue höhere Ordnungsstruktur wirkt wiederum auf die ursprüngliche niedere Ordnungsstruktur zurück, womit wir wieder auf das Hervorstechende jedes

Tab. 2.1 „Das Fahndungsbild eines komplexen Systems" (nach A. Gandolfi (2001, S. 88 f., geändert und erweitert durch d. A.)

Merkmale eines komplexen Systems	Erläuterungen zu den Merkmalen
Hohe Zahl der Elemente	Ein komplexes System kann Millionen und Milliarden Elemente besitzen. Aber selbst ein System aus einem halben Dutzend Elementen kann komplex sein
Nichtlineare Wechselwirkung der Elemente	Ursache-Wirkung-Beziehungen zwischen Systemelementen können im Regelfall nicht durch lineare Proportionalität bestimmt werden. Auch wenn Ursachen, z. B. Eingangssignale, eines komplexen Systems bekannt sind, kann daraus nicht zwangsläufig auf qualitative oder quantitative Wirkungen, z. B. Ausgangssignale, geschlossen werden
Zeitvariable Reaktionen (Auswirkungen)	Einwirkungen auf das komplexe System können sich zeitversetzt auswirken, durch unmittelbare, gering verzögerte oder stark verzögerte Reaktionen
Positive– verstärkende – und negative– schwächende – Rückkopplungen	Elemente eines komplexen Systems sind in der Regel in vernetzte Funktionskreisläufe eingebunden, wodurch das Ergebnis eines Kreisprozesses die Ergebnisse anderer beeinflusst. Verstärken sich die Wirkungen untereinander, dann destabilisiert sich das System bzw. Teilsystem. Schwächen sich die Wirkungen untereinander, dann findet eine Systemstabilisierung statt. Organismen besitzen eine Ausgewogenheit von verstärkenden und schwächenden Rückkopplungsprozessen
Netzartige Struktur	Prozesse bilden ein Netzwerk – Wirkungsnetz – aus (s. o.) nichtlinearen Beziehungen. Dies ist eine grundlegende und wichtige Eigenschaft komplexer Systeme
Offenheit	Ein komplexes System gewährleistet den Austausch von Materialien, Energien und Informationen mit der Umwelt
Universeller Zustand	Ein komplexes System ist unabhängig von der Größe. Es existiert von Molekülgröße im Nanometer-Maßstab (nm) bis Galaxiengröße im Lichtjahr-Maßstab (ly) 1 Nanometer nm $= 10^{-9}$ m; 1 Lichtjahr ly $=$ ca. 10^{16} m
Dynamisches Verhalten, Selbstadaptionsfähigkeit	Ein komplexes System ist entwicklungsfähig durch Anpassung – Adaption – an seine Umwelt
Robustheit, Fehlertoleranz, Selbsterhaltungsfähigkeit	Ein komplexes System ist extrem flexibel, es verkraftet externe Störungen ohne Zusammenbrechen der Systemfunktion. Diese Eigenschaft wird durch hohe Redundanz von Systemelementen gestärkt
Kreativität und Innovationsfähigkeit	Ein komplexes System erzeugt ständig neue Strukturen und Funktionen

Tab. 2.1 (Fortsetzung)

Merkmale eines komplexen Systems	Erläuterungen zu den Merkmalen
Systemhierarchiebildung mit emergenten Eigenschaften	Ein komplexes System ist auf hierarchischen Ebenen mit fortschreitender Ineinanderschachtelung aufgebaut. Es lebt auf verschiedenen Ebenen unterschiedlicher qualitativer Eigenschaften (Emergenzen)
Unvorhersehbarkeit	Aufgrund positiver Rückkopplungen ist der langfristige Zustand des komplexen Systems theoretisch nicht vorhersagbar
Differenzierte Sensibilität	Verschiedene Regionen des komplexen Systems besitzen variable Empfindlichkeiten gegenüber internen und externen Impulsen, Reizen oder Störungen. Je nach Art der Empfindlichkeit werden z. B. Impulse neutral, schwächend, verstärkend oder stark kritisch wahrgenommen. Im Fall einer lokalen, kritischen Empfindlichkeit kann ein schwacher Impuls sich unverhältnismäßig stark auf den Zustand des gesamten komplexen Systems auswirken
Keine Kontrollierbarkeit	Am Ort spontaner Neuentstehung, also an so genannten Verzweigungen (Bifurkationen), existiert keinerlei Kontrolle durch die Menschen
Keine Kontinuität	Lange „Stabilitätsperioden" (evolutionsstrategisch: Fließgleichgewichtsperioden) von komplexen Systemen werden durch kurzfristige, chaotische Instabilitäten (Bifurkationen, siehe vorab) unterbrochen. Der Zufall entscheidet über die Richtung der Weiterentwicklung
Selbstorganisationsfähigkeit	Ein komplexes System besitzt die Fähigkeit, sich in Phasen instabiler Zustände spontan auf hierarchisch höheren Ebenen zu organisieren
Selbstregenerationsfähigkeit, Selbstreparaturfähigkeit	Ein komplexes System ist zur Neubildung, Rückgewinnung und Wiederaufbereitung von Systemelementen fähig. Dadurch ist es automatisch in der Lage, Störungen an Strukturen und Funktionen eigenständig zu beheben
Fehlernutzbarmachung, „Fehler-Freundlichkeit" nach Christine und Ernst U. v. Weizsäcker bzw. „Fehler-Verträglichkeit"	Ein komplexes System ist fähig, Fehler zu tolerieren und kreativ für die Weiterentwicklung zu nutzen, ohne sie zwangsläufig eliminieren zu müssen. Dies ist ebenso eine herausragende Eigenschaft komplexer Systeme, insbesondere biologischer Systeme
Teilautonomie der Elemente	Die Elemente eines komplexen Systems sind untereinander vernetzt, besitzen aber einen gewissen Grad an Verhaltensautonomie
Systemparadoxe Eigenschaften	Ein komplexes System besitzt die Fähigkeit, schnelle und langsame Transporte, stabile und instabile Vorgänge oder regelmäßige und unregelmäßige Erscheinungsformen gleichzeitig auszuführen

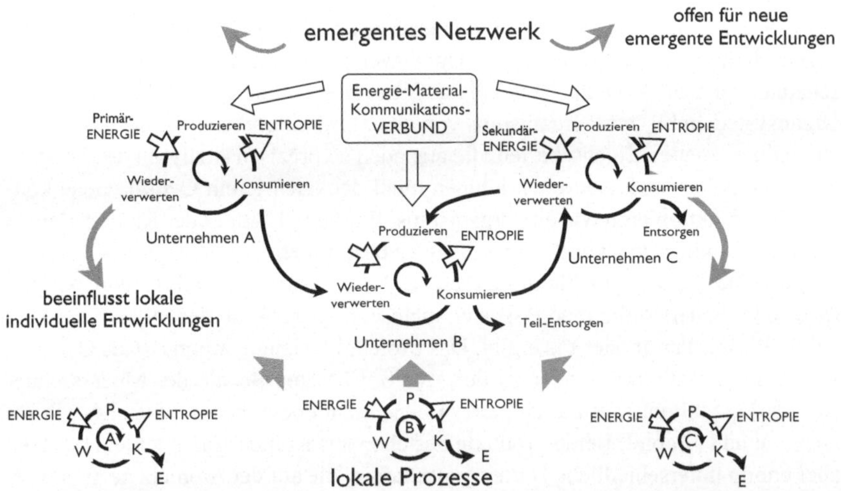

Abb. 2.1 Emergenz durch Zusammenführung individueller Prozesse (A, B, C) zu neuen Qualitäten. Es bedeuten: *P* Produzieren, *K* Konsumieren, *W* Wiederaufbereiten, *E* Entsorgen

komplexen Systems stoßen: die Rückkopplung. Das Erkennen und Bewerten differenzierter wechselwirkender Beziehungen zwischen Elementen eines Systems ist ausschlaggebend für eine stabile und nachhaltige Systemstabilität. Ob das System nun als biosphärischer Organismus mit einer technischen Speziallösung analysiert wird oder als technosphärisches, bionisches vorteilhaftes Verfahren neu entwickelt wird, ist einerlei. Abb. 2.1 skizziert den grundlegenden Entwicklungsprozess zur Emergenz in Anlehnung an Chris Langton (Lewin 1996, S. 25) an.

Die angedeutete Komplexität der vernetzten Prozesse in Abb. 2.1 ist nur ein überschaubares Muster technischer Abläufe und mit der weitaus höheren Komplexität natürlicher Systeme nicht vergleichbar. Aber es sind gerade diese optimierten vernetzten Prozessabläufe in der Natur, die für Organismen ein hohes Maß an Systemstabilität mit sich bringen! Für annähernde bionische Lösungen steht noch genügend Forschungs- und Entwicklungsraum bereit.

Die *Systemische Bionik* zeigt gerade in ihrem Wirkungsumfeld zwischen hocheffizienten Naturlösungen und werthaltigen technischen Produkten, Verfahren und Organisationen ihre volle Stärke in der Entwicklung und Realisierung emergenter Lösungen.

Beispiele aus der Biologie/Umwelt Die belebte Natur ist voller Komplexität, sodass sich herausgestellte Beispiele nahezu erübrigen. Dennoch: Leben ist charakterisiert durch eine „Hierarchie biologischer Ordnungen" (Campbell et al.

2006, S. 3), die mit jeder höheren Organisationsebene neue Qualitäten – emergente Eigenschaften – entstehen lassen. Beispielsweise führt das biologische Ordnungsschema von den Atomen, Molekülen, Organellen, Zellen, Geweben, Organen, Organsystemen bis zum Organismus von einer Ordnungsebene zur nächsthöheren zu qualitativ neuen Eigenschaften, die aus noch so präzisen Analysen der Vorstufe nicht erkennbar sind. Neuronen können nicht denken wie ein Gehirn, Gene können nicht funktionieren wie ein Organismus, Wurzeln, Blätter oder Rinden können nicht die funktionale Qualität eines Baumes bestimmen.

Dasselbe Prinzip gilt für die unbelebte Natur. Aus der Analyse von Wasserstoff- oder Sauerstoffatomen lässt sich nicht vorhersagen, ob der Molekülverband beider Wasserdampf oder Eis ergibt. Das Molekül Kalziumcarbonat ($CaCO_3$) kann zu brüchiger Tafelkreide oder zu der sehr bruchfesten Schale der Meeresschnecke *Abalone* führen, was auf atomarer Ebene nicht erkennbar ist. Gleiches gilt für Diamant und Graphit. Beide Produkte bestehen aus Kohlenstoff-Atomen, besitzen aber enorm unterschiedliche Härteeigenschaften, die auf der Atomebene nicht vorhersagbar sind.

Beispiele aus der Technik Ist der nicht selten eintretende Fall einer schwer verständlichen deutschen Bedienungsanleitung eines Kaffeeautomaten ausländischer Herstellung nun komplex oder nur kompliziert? Ist ferner die PKW-Fahrt durch eine Stadt mit engen Gassen und täglich wechselnden Baustellen und Einbahnstraßen-Regelungen komplex oder nur kompliziert? Und schließlich: Sind die Ergebnisse gegenwärtiger informationstechnischer, mobilitätsoptimierter „intelligenter", in einem Wort: bionischer Roboter komplexe oder nur komplizierte Maschinen? Die kurzen und bündigen Antworten zu den drei Fragen lauten: kompliziert, komplex, kompliziert.

Die noch so präzise Materialanalyse der Kaffeebohnen und der Kaffeetasse oder des Brühvorgangs in der Kaffeemaschine kann nicht vorhersagen, wie Ihnen der fertige Kaffee – den Sie vielleicht beim Lesen dieses Essentials trinken – schmeckt! Ebenso wenig lässt sich aus der Analyse einzelner Gruppen von Schrauben, Muttern, Metallgehäusen, Elektronikeinheiten etc. vorherbestimmen, wie exakt eine Maschine arbeitet und wie hoch die funktionale Fehlertoleranz ist.

2.5 Fehlertolerant – werthaltig – nachhaltig

Die Toleranz eines Systems gegenüber Fehlern bzw. funktionellen Störungen oder externen Einwirkungen ist umso größer, je komplexer es ist. Jedoch muss diese pauschale Feststellung im Einzelnen hinterfragt werden, wie später an einem Beispiel gezeigt wird.

Wie überall gibt es auch hier Grenzen der Fehlertoleranz, ohne die ein biologisches, ein technisches oder sozio-technisches System nicht entwicklungsfähig ist. Innerhalb der spezifischen Toleranz können Fehler eliminiert oder – wie in Tab. 2.1 beschrieben – kreativ für die Weiterentwicklung genutzt werden. Biologische Systeme beherrschen diesen Kniff perfekt. Ihre hochkomplexen dynamischen Prozesse gleichen „Fehler im System" geschickt aus. Wir selbst erleben das täglich bei kleineren Verletzungen an unserem Körper. Bis zu einem bestimmten Schweregrad werden sie durch Selbstregelungs- und Selbstheilungsprozesse behoben. Die Evolution scheint biologische Systeme so konstruiert zu haben, dass sie per se fehlertolerant sind und darüber hinaus auch wert- und nachhaltig.

Aber was bedeutet werthaltig und nachhaltig? Werthaltige Lösungen besitzen eine innenwohnende Qualität, die sich durch eine besondere (unverzichtbare) Funktionalität (stark haftende Oberfläche, dynamische Farbwechsel etc.) gegenüber vergleichbaren Lösungen auszeichnet. Bleibt diese werthaltige Eigenschaft über eine längere Zeitspanne wirksam, ohne Folgeschäden anzurichten, ist sie auch nachhaltig. Die Natur ist selbstverständlich auch für diese beiden Attribute ein ideenreicher Ratgeber für die Bionik.

In unserem Sprachgebrauch zeigt sich jedoch seit Jahrzehnten eine folgenreiche Verwässerung des ursprünglich aus der Holzwirtschaft (von Carlowitz 2000, Reprint v. 1713) stammenden Adjektivs nachhaltig. *Nachhaltiges Gewinnstreben, nachhaltige Produktmaximierung, nachhaltiges Kaufverhalten, nachhaltige Entsorgung* und vieles mehr sind mit nachhaltig im ursprünglichen Sinn des Wortes kaum vereinbar.

Die im wirtschaftlich-technischen Sprachgebrauch nicht unumstrittene Interpretation von Nachhaltigkeit in Gestalt des „Drei-Säulen-Modells", ökologisch-ökonomisch-sozial, hat nicht zuletzt an der stattfindenden Nachhaltigkeitsdiffusion und -konfusion ihren Anteil. Warum? Weil werthaltige und nachhaltige Lösungen in unserer Gesellschaft durch kostengetriebene Entwicklungen mit teils massiven Folgeproblemen für die Natur, die Umwelt und die Gesellschaft die Oberhand gewonnen haben. Sichtbare Zeichen dafür sind zunehmende lokale und globale Krisen, die uns täglich begleiten. Zweifelhafte Strategien gegen den Hunger durch „nachhaltige" geldschöpfende Monokulturen und die Ausbeutung begrenzter fossiler Energieträger durch hemmungslose Rodungen Jahrtausende alter Wälder mit zugehörigen, gewachsenen und vernetzten Biotopen, voll von lebenswerten Organismen, sind nur zwei von unzähligen Zerstörungsorgien auf unserem Planeten. Die Politiker tragen an diesem düsteren Szenario eine erhebliche Mitschuld! (Küppers und Küppers 2013).

– Bionische – Wissenschaft ist zutiefst politisch!

Die Endlichkeit unseres Lebensraums Erde wird uns seit Jahrzehnten hautnah bewusst, durch das ungelöste – oder unlösbare? – Problem der Endlagersuche für hochradioaktive Stoffe technischer Energiewandlungsprozesse. Das ist weder nachhaltig noch fortschrittlich, sondern fehlgesteuert, problemanhäufend und tragisch.

Die Natur selbst besitzt durchaus radioaktive Stoffe (natürliche Radionuklide), weiß aber damit über Jahrmilliarden umzugehen, ohne Totalschäden zu hinterlassen. *Das* wäre nachhaltig, fehlertolerant und geschickt.

2.5.1 Zentralschlüssel Nachhaltigkeit

Nachhaltigkeit ist in seiner ursprünglichen ökologischen Bedeutung ein fortschrittsstarkes Argument für die Weiterentwicklung unserer Gesellschaft.

Die Verwendung des Begriffs Nachhaltigkeit, den wir in diesem Kontext dem Brundtland-Report von 1997 entnehmen, wurde zur Grundlage für die Konferenz der Vereinten Nationen für Umwelt und Entwicklung (UNCED) in Rio de Janeiro 1992.[2] Er ist zu wertvoll um ihn einzelnen Interessengruppen mit falsch verstandenem Ehrgeiz und einseitigen Zielen zu überlassen. Wenn es an Nachhaltigkeit mangelt, ist kurzfristiges Denken im Spiel. Das Handeln wird von Routine bestimmt und setzt auf eine direkte Bedürfnisbefriedigung. Für eine nachhaltige Praxis ist dagegen über eigene Interessen hinauszublicken. Dies erfordert andere Erkenntnisleistungen. Die Komplexität der Wirklichkeit, aber auch moralische Fragen sind zu würdigen.

Rechnen wir mit der Natur statt gegen sie!

Die Strategie der Systemischen Bionik ist ein wirksames Instrument, nachhaltige Lösungen auf den Weg zu bringen. Dies gelingt dauerhaft jedoch nur im Verbund mit weitsichtigen Entscheidungsträgern und Lenkern in der Gesellschaft.

---

[2] Laut Lexikon der Nachhaltigkeit gilt „Der Begriff der *Nachhaltigkeit* (sustainability) seit mehreren Jahren als Leitbild für eine zukunftsfähige, nachhaltige Entwicklung der Menschheit". Bis zum heutigen Tag orientiert sich die Definition der Nachhaltigkeit am Text des Brundtland-Reports von 1997: „*Sustainable development is development that meets the needs of the present without compromising the ability of future generations to meet their own needs.* " (World Commission on Environment and Development 1987, S. 41). www.nachhaltigkeit.info/artikel/forum_nachhaltige_entwicklung_627.htm (Zugriff 29.12.2014).

Eine noch größere Hoffnung liegt jedoch auf kreative, unvoreingenommene, neugierige junge Menschen, ob sie als Ingenieure oder mit anderem beruflichen Hintergrund Fortschritte der Systemischen Bionik erarbeiten und in die Tat umsetzen. Wenn sie erkennen, dass eine *ganzheitliche Herangehensweise* einen nachhaltigeren Mehrwert schafft, als es angelernte pfadabhängige Strategien eingegrenzter Denk- und Handlungsräume in unserer realen vernetzten Umwelt je schaffen würden, vermeiden sie nicht nur die leichtfertige Wiederholung von Fehlern vergangener und heutiger – Entscheidung tragender – Generationen. Sie fördern und stärken dadurch noch mehr ihre eigene zukünftige Handlungsfreiheit, wo immer sie im gesellschaftlichen Kontext gefordert ist.[3]

Beispiele aus der Biologie/Umwelt Alle Organismen sind per se tolerant gegenüber Störeinflüssen bzw. Fehlern. Das liegt an den stark vernetzten Regelkreisen lebender Systeme, die Störgrößen durch Rückkopplungen „dämpfen" bzw. ausgleichen, um wieder in ein stabiles dynamisches Gleichgewicht – das als *Fließgleichgewicht* bekannt ist – überzugehen. Ein lokal erhöhter Schadstoffaustrag verfärbt die Umwelt perfekt getarnter Insekten, wodurch sie sichtbarer für Fressfeinde werden. Ihre abrupt dezimierte Population wird sich mit der Zeit – durch Regelungsvorgänge – der veränderten äußeren Farbumgebung wieder erholen und erneut neu tarnen. Derartige Anpassungsmechanismen und weitere, wie z. B. metabolische, existieren bei Tieren und Pflanzen in allen Biotopen, selbst in extremen eintönigen Eisregionen und Wüsten.[4] Ihre perfekt abgestimmten Funktionalitäten in biosphärisch, geosphärisch und atmosphärisch vernetzter Umwelt sind ein Wert an sich. Die Nachhaltigkeit von Organismen steht außer Frage, weil sie mit ihren holistischen, aufs Ganze gerichteten Entwicklungsstrategien zukünftigen Generationen eigene Wege nicht verbauen oder stark einschränken – ganz im Gegensatz zu Beispielen der Technosphäre.

Beispiele aus der Technik Auch technische Produkte, Verfahrensprozesse, Wirtschaftsabläufe, Verwaltungsstrukturen, u. a. m. sind fehleranfällig. In den Planungs- und Entwicklungsphasen darauf zu achten, dass Fehler – sofern sie erkannt

---

[3] Lesenswert hierzu ist Elmar Altvaters Beitrag „Dunkle Sonne" in: Le Monde diplomatique, November 2014, S. 1, 20–21.

[4] Die Fehlertoleranz organismischer Wirkungsnetze stößt unweigerlich an ihre Grenzen, wenn – wie so oft – Menschen massiv und steuernd derartige Wirkzusammenhänge zerstören! Bereiche der Rohstoffgewinnung, der Agrarwirtschaft, der Aquawirtschaft, der Energiewirtschaft u. a. zeigen dies überdeutlich. Mit dieser fundamentalen Zerstörung geht leider auch eine hohe Zahl bekannter – möglicherweise auch eine noch höhere Zahl unbekannter – biologischer perfektionierter Naturlösungen für die Systemische Bionik verloren.

werden – durch sogenannte *Fehleranalyse* vermieden werden, ist selbstverständlich. Und doch treten bei laufenden Prozessen störende Fehler auf, die in geringem Maß – ein Beispiel ist der zwangsläufig zunehmende Verschleiß gekoppelter rotierender Bauteile in Zahnradgetrieben – toleriert werden, ohne Qualitätseinbußen.

Gäbe es so etwas wie ein vergleichendes Fehlerkriterium für die *Standzeit*[5] von biologischen und technischen „Produkten und Verfahren", die Häufigkeit der tolerierbaren Fehlerrate ohne(!) Qualitätsverlust wäre in der Natur gegenüber der Technik unerreichbar hoch. Ein Grund dafür ist der in der Technik noch mäßig bis gar nicht ausgeprägte Mechanismus der Selbstreparatur.

Die Natur nutzt ihre ganzheitlichen Selbstreparaturen perfekt für die kontinuierliche fehlertolerante Weiterentwicklung. Die Technik nutzt demgegenüber ihre ingenieur-technischen stringenten Reparaturmechanismen für technische Fortschritte, aber – aus holistischer Sicht – unter der Bürde anschwellender Folgeprobleme. Das ist auf Dauer weder werthaltig noch kann damit ein Nachhaltigkeitseffekt, wie er in diesem Essential verstanden wird, verknüpft werden.

---

[5] Mit Standzeit wird in der Technik die Einsatzzeit eines Werkzeugs gemessen, bis ein maximaler Verschleiß eintritt, der die geforderte Qualität des Werkzeugs nicht mehr gewährleistet.

Bionik als System   3

Systemische Bionik dient der vorausschauenden Nachhaltigkeit und nicht der flüchtigen Effizienz.

3.1 Systeme existieren überall

Wenn wir die Wissenschaftsdisziplin Bionik als System charakterisieren, ist es hilfreich, grundlegende Eigenschaften bzw. Besonderheiten eines (des) Systems zu kennen (siehe 2.1). Aber damit endet nicht die Charakterisierung eines Systems. Es existieren – je nach Standpunkt – zwar Übereinstimmungen in System-Merkmalen, aber doch auch semantische Differenziertheiten, die sich über den Systembegriff aus psychischen, sozio-technischen, wirtschaftlichen, physikalischen und anderen Arbeitsfeldern ausbreiten. Hinzu kommen Systemcharakterisierungen, die nach ihrer Entstehung (natürlich, künstlich), nach Art ihrer Transformation (offen, geschlossen), nach ihrer Variabilität (statisch, dynamisch), nach ihrer Funktionalität (linear, nichtlinear) etc. unterschiedlich ausfallen (vgl. u. a. Bossel 2004, 34 ff.; Gabler-Wirtschaftslexikon/System[1]).

„Nicht weil es schwer ist fangen wir es nicht an, sondern weil wir nicht anfangen ist es schwer" Seneca

---

[1] http://wirtschaftslexikon.gabler.de/Definition/system.html#definition (Zugriff 16.12.2014).

© Springer Fachmedien Wiesbaden 2015   23
E. W. Udo Küppers, *Systemische Bionik,* essentials,
DOI 10.1007/978-3-658-09212-2_3

Die Systemische Bionik, mit der Wirkungsstätte an der Nahtstelle zwischen Bio- und Technosphäre, vereinigt alle vorab genannten System-Merkmale. Entwicklungsstrategien der Systemischen Bionik stützen sich daher auf eine holistische Sichtweise und sind ausgerichtet auf fehlertolerante nachhaltige Ziele.

Die fundamentale Wissensbasis jeder Systemischen Bionik ist der unvorstellbare Reichtum an qualitäts- und quantitätsgeprüften Organismen, die ein perfekt organisiertes System von vernetzen Wirkungsverläufen präsentieren. Wie sind diese erkennbar und fassbar?

3.2 Das Netzwerk Natur: unerschöpfliche Quelle für adaptive bionische Prozesse

Seit über drei Milliarden Jahren entwickelt sich Leben auf unserer Erde. Schätzungen über die Zahl der Arten streuen in einschlägiger Literatur von 3 bis 100 Mio. Aktuell wird die Artenzahl, z. B. von Costello et al. (2013), auf zirka 5 ± 3 Mio. geschätzt, von denen 1,5 Mio. bekannt sind. Mit dem Leben verändert sich auch die unbelebte Natur. Eine Vielzahl räumlich und zeitlich verteilter und miteinander verbundener belebter und unbelebter Strukturen charakterisiert die komplexe Umwelt. „Wir wissen heute, dass sowohl die Biosphäre als Ganze wie auch ihre lebenden und unbelebten Bestandteile unter Bedingungen existieren, die weit vom Gleichgewicht – *Nichtgleichgewichts-Dynamik* – entfernt sind" (Prigogine und Stengers 1990). Die Entwicklung „höherer" komplexer Strukturen (emergente Prozesse) durch spontane Selbstorganisation in „offenen" Systemen findet nur an diesem Ort, weit entfernt vom Gleichgewicht statt. Alle lebenden Organismen sind offene Systeme. Sie stehen durch Energie- und Stoffflüsse in ständigem Austausch mit ihrer Umwelt.

Die Aufnahme von hochwertiger „freier" Energie aus der lokalen Umwelt, zum Aufbau von geordneten Strukturen in Organismen, geschieht aber unweigerlich auf Kosten zunehmender Energieerniedrigung in der gesamten Umwelt. „In den betrachteten Phänomenen nimmt zwar infolge der Gestaltentwicklung ein Summand der Entropie (Energieentwertung) ab, dies wird aber durch die Zunahme anderer Summanden überkompensiert, so dass der *Zweite Hauptsatz der Gleichgewichts-Thermodynamik*[2], der auch als Entropiegesetz bekannt ist, nie verletzt wird" (v. Weizsäcker 1974).

---

[2] Der 2. Hauptsatz der Thermodynamik sagt nach Clausius aus: „Es gibt keine Zustandsänderung, deren einziges Ergebnis die Übertragung von Wärme von einem Körper niederer auf einen Körper höherer Temperatur ist." http://www.chemie.de/lexikon/Thermodynamik.html, Zugriff 16.12.2014.

Kybernetische, das heißt vernetzte rückgekoppelte Strukturen sind ein grundlegendes Organisationsmerkmal für den Erhalt und den Ausbau von Ordnung in belebter und unbelebter Natur. Wo diese fehlen, wie in vielen technisch-wirtschaftlichen Organisationsstrukturen mit ihren physikalischen Prozessen, sind Folgeprobleme vorprogrammiert.

Hierzu ein markantes – und nicht zuletzt brisantes – Beispiel zur technischen und biologischen Stoffverarbeitung durch einen quantitativen Vergleich beider Prozesse. Rufen wir uns nur die Entsorgungsprozesse technischer Kunststoffmaterialien – als Abfallstoffe aller Art – mit ihren zum Teil drastischen Folgen und Folgeprobleme für die Natur, für die Umwelt und nicht zuletzt für die Menschen, in Erinnerung. Betroffen hiervon sind fast alle Industriebereiche, z. B. Rohstoff-, Textil-, Agrar-, Pharma-, Metall-, Fischerei-, Energie-, Elektronikindustrie. Befürworter dieser Kunststoffe sprechen euphorisch vom *Rückgrat der Gesellschaft.* Warum? Kaum ein Haushalt ist ohne Kunststoff!

Im Jahr 2013 wurden weltweit *288 Mio. Tonnen Kunststoffe* produziert (PlasticsEurope 2013). In Deutschland waren es zirka 20 Mio. Tonnen (2011), mit zirka 5,5 Mio. Tonnen totalem Abfall, der energetisch und stofflich verwertet, zwischengelagert oder beseitigt(?) bzw. deponiert wird. Und der weltweite, jährlich anfallende Kunststoffabfall nimmt zu!

Im Vergleich dazu scheint die jährliche Menge technisch-wirtschaftlicher Feststoff-Abfälle aller Art, die sich weltweit auf zirka *1,3 Mrd. Tonnen* bemisst (Hoornweg 2013), sehr hoch.

Noch drastischer wird das Mengenverhältnis, wenn wir das „Abfall"-Management, besser: das *Management stofflicher Wiederverwertung* der Natur einbeziehen. Mit ihren ausgereiften kybernetischen Strukturen verwertet sie *weltweit* zirka *170 Mrd. Tonnen jährlich anfallende neue Biomasse* (Gleich 2000). Alles geschieht ohne jede zerstörerischen Auswirkungen auf sich selbst, auf die Umwelt und natürlich auf die Gesundheit von uns Menschen.

Kunststoffe im Speziellen und technische Abfallstoffe im Allgemeinen zeigen ein anderes drastischeres Resultat ihrer Entsorgung. Die postulierten geschlossenen Kunststoffkreisläufe zur Wiederverwertung – noch deutlicher und gefahrenvoller zeigt sich das Problem im Entsorgungsprozess des nuklearen Energiesektors – sind über und über mit exzessiven Folgelasten verknüpft.

Da ist es geradezu verblüffend, wie die Natur mit Hilfe ihres Stoffmanagements problemlos riesige Mengen abfallfrei(!) wiederverwertet bzw. wiederverwendet – Jahr für Jahr. Demgegenüber produzieren winzige Mengen technischer Abfallstoffe, angereichert mit teils hochgiftigen Komponenten, riesige Folgeprobleme bis zur Auslöschung von Leben.

Was für eine unerhört wertvolle Qualitäts- und Quantitätsbasis bietet uns die stoffverarbeitende Natur – mit ihren nur knapp zwei Dutzend „Grundbausteinen" und ihren millionenfachen Stoffvariationen – für systemische bionische Lösungen (Küppers und Tributsch 2002, S. 14). Und wir sind auf dem besten Weg, diese bionischen Vorbilder für immer zu zerstören (Abb. 3.1).

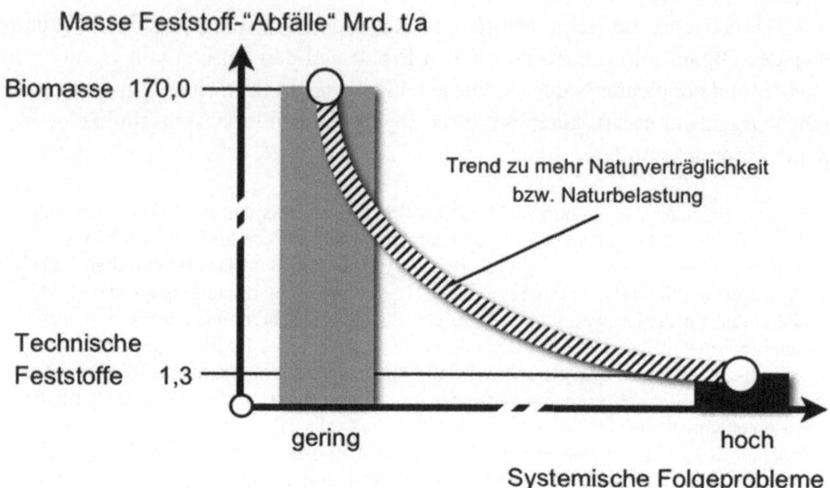

Abb. 3.1 „Abfall"-Stoffmenge versus Folgeprobleme in Natur und Technik

Warum kann die Natur eine derart riesige Menge Biomasse Jahr für Jahr *problemfrei* wiederverwerten bzw. wiederverwenden und warum gelingt dies der Technik für ihre Materialien nicht, obwohl sie nur – im Vergleich – einen Bruchteil an Masse entsorgen bzw. wiederverwerten muss? Die Frage ist leicht zu beantworten: weil die Natur mit einem Minimum an Grundmaterialien – kaum mehr als zwei Dutzend Stoffbausteinen, wie H_2O, Kalk, Chitin, Lignin, Proteinen, Zellulose, Pektinen, Silikaten, Mineralien etc. – Millionen über Millionen Stoffvariationen optimiert, somit immer neue Eigenschaften unerreichter technischer Qualitäten erzeugt. Alle Materialmodifikationen, für welchen neuen Organismus sie auch verwendet werden, sind problemfrei zersetzbar. Als atomare Bausteine bzw. Moleküle stehen sie wieder als Rohstoff gleichbleibender Qualität den Materialkreisläufen der Natur zur Verfügung.

Die Technik (hauptsächlich die Chemietechnik) hingegen erzeugt Tag für Tag neue Formulierungen von Kunststoffmolekülen. Schätzungen gehen von einer fünfstelligen Gesamtzahl verschiedener Kunststoffbausteine aus, deren Wirkungen auf Organismen und Umwelt teils hochtoxisch sind (Dichlordiphenyltrichlor-ethan_DDT, Perfluide Tenside_PFTs, Methylisocyanat_MIC, Gerbstoffe, Farbstoffe und Weichmacher), um nur einige Verbindungen aufzuzählen, die in einzelnen Ländern zwar verboten sind, in anderen aber nach wie vor verwendet werden. Kunststoffe wie persistente – über Jahre haltbare – Silikone sind beinahe in jedem Haushalt als Küchenhilfen zu finden. Was passiert mit ihnen, wenn sie nach kurzer

Nutzungsdauer nicht mehr gebraucht werden? Werden sie mit anderem Abfall entsorgt, verbrannt, gedankenlos in den Rinnstein der Straße geworfen oder der Natur im nahegelegenen Wald überlassen?

Verweilen wir noch ein wenig bei dem unermesslichen Reichtum natürlicher Materialien und ihren variantenreichen Strukturen, Oberflächen, Gestalten und Bewegungsabläufen. Viele dieser Materialien nutzen Organismen als ihre Verpackung zum Schutz gegen Feinde. Wir selbst schützen uns mit unserer intelligenten Haut gegen allerlei Einflüsse aus der Umwelt (Küppers und Tributsch 2002, S. 114).

Welche heutige technische *Verpackung* – wo immer sie ihre Zwecke erfüllt – ist schon in der Lage, Risse in ihrem Material selbst zu reparieren, selbstständig das Volumen nach dem Füllungsgrad ihres Inhalts anzupassen, dehnbar und starr zu sein? Abbildung 3.2 zeigt die Fülle an Materialqualitäten biologischer Verpackungen, deren Werte wir aus bionischer Sicht oft nur singulär schätzen, sie ganzheitlich gesehen noch nicht einmal ansatzweise für nachhaltige technische Lösungen nutzen. Und dies, obwohl wir von den eminenten biologischen Entwicklungsvorsprüngen – ohne dafür bezahlen zu müssen – profitieren können.

Technische Verpackungen sind ein begehrtes Objekt zum Schutz und Transport und zur Lagerung von beliebigen Packgütern. Das raffinierte Design und die

atmend	chemisch spezialisiert	transparent	schwimmend	anhaftend
gewebt	multischichtig	geräuscharm	schäumend	klebend
feuerfest	wärmend	fliegend	wetterfest	gesponnen
farbangepasst	kühlend	druckfest	wehrhaft	wachsgeschützt
chemisch farbig	wieder-verschließbar	staubabweisend	lichtreflektierend	wattiert
physikalisch farbig	flächenoptimal	formangepasst	faltbar	antibakteriell
formbar	langlebig > 1000 Jahre	funktionsgesteuert	biegesteif	antischimmelig
genießbar	raumoptimal	mitwachsend	energieoptimiert	faserverstärkt
klarsichtig	wieder-verwendbar	multifunktional	vollständig wiederverwertbar	per se umweltverträglich

Abb. 3.2 Technische Leistungen von Naturverpackungen

Handhabung von Verpackungen lassen uns schnell beim Einkauf in die Regale von Supermärkten greifen, oft ohne zu überlegen, ob Inhalt und Verpackungsvolumen in einem angemessenen Verhältnis zueinander stehen. Der Umgang mit Verpackungsmaterialien zeigt sich auch bei einem Blick über die Rampen auf den Hinterhöfen der Supermärkte. Dort türmt sich der Zivilisationsmüll, teils als naturbelastender Sondermüll erkennbar, den wir Tage zuvor als Konsumgüter- oder Nutzgüter-Verpackung gekauft haben. Auf dem Weg in einen zweifelhaften Entsorgungskreislauf endet der Nutzen des technischen Materials für die Menschen.

Nur die Natur kann noch nicht recht zufrieden sein. Denn jegliche Art von Zivilisationsmüll landet früher oder später wieder in der Natur. Riesige Müllstrudel in den Weltmeeren, erhängte Seevögel in Kunststoffnetzen, vergiftete Böden durch entsorgten Verpackungsabfall sind gravierende Katastrophen zunehmender Zerstörungen unserer Lebensgrundlage und bionischen Bezugsquelle.

Es kann nicht oft genug wiederholt werden: Denken und Handeln im Systemzusammenhang, wie es die Natur perfekt vorführt und es die Systemische Bionik versucht nachzuahmen, ist ein längst überfälliger notwendiger Pfadwechsel, jenseits geradliniger, fokussierter und schadensreicher Entwicklungsperspektiven.

Die Natur ist ohne Zweifel genialer „Produkt- und Systementwickler" zugleich. Diese Aussage soll durch elf Prinzipien gestützt werden, mit der die evolutionäre Entwicklungsstrategie der Natur hervorragend arbeitet:

Zeitprogramm	Geschickte Steuerung von Wachstum
Synergien	Artübergreifender Nutzen zum gegenseitigen Vorteil
Kommunikation	Artspezifische und artübergreifende Informationsnetze
Energie	Effektive und effiziente Nutzung von Wärme und Kälte
Materialwahl	Geringe Zahl an Ausgangsstoffen, große Materialvielfalt
Struktur	Selbstähnlich, fraktal
Form	Optimale Bewegung, materialsparsam, raumsparend
Nano-Mikrotechnik	Perfekt, durchzieht alle Stoffe und Stoffverbünde
Farben-Schattierungen	Mit und ohne Farbpigmente, dynamischer Farbwechsel
Nahrung	Nährstoffquelle für Organismen
Rezyklierbarkeit	Vollständig ohne jeden Verluststoff

3.3   Das Gerüst der Systemischen Bionik

Wie zeichnen sich Struktur und Wirkungsverlauf der Systemischen Bionik aus und was unterscheidet sie von der klassischen Bionik? Die Abb. 3.3 und 3.4 zeigen den Unterschied.

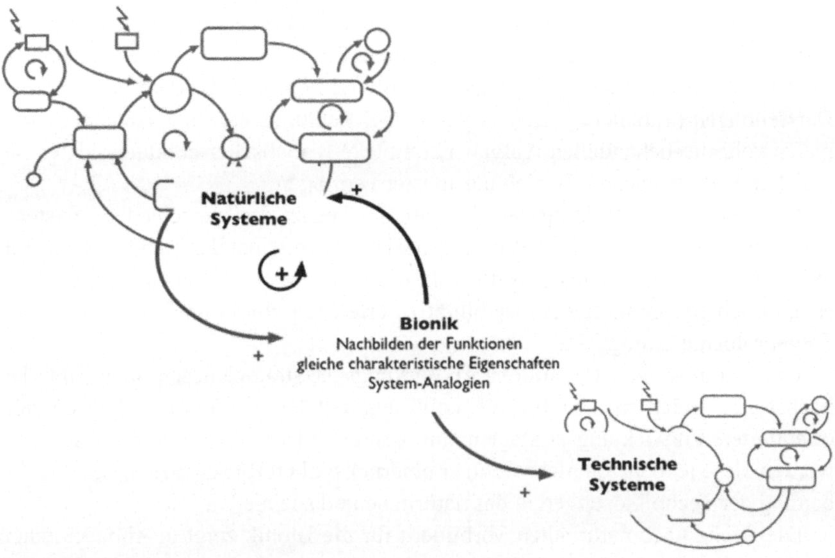

Abb. 3.3 Netzwerk der klassischen Bionik. Plus-Symbol = sich gegenseitig verstärkende oder schwächende Wirkung. Plus-Symbol in Dreiviertelkreis weist auf eine verstärkende oder schwächende Rückkopplung zwischen Systemelementen hin

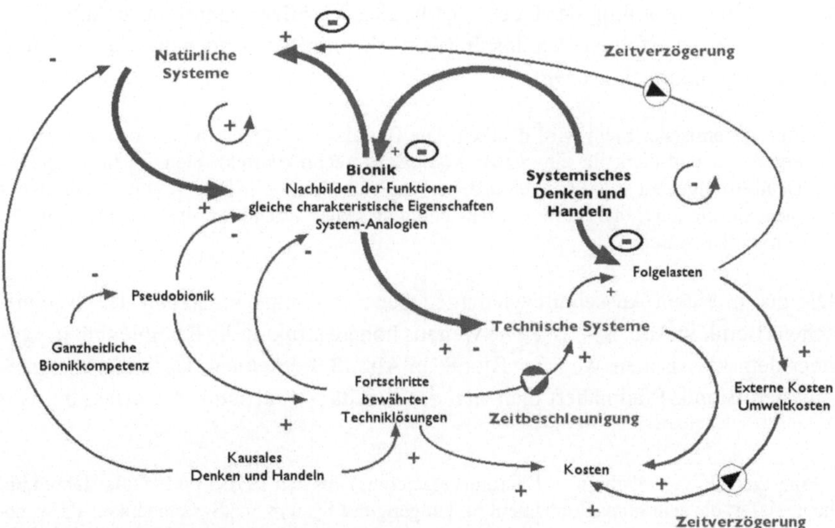

Abb. 3.4 Netzwerk (Gerüst) der Systemischen Bionik. Bedeutung der Plus-Symbole wie in Abb. 3.3. Ein Minus-Symbol weist auf eine gegensätzliche – ausgleichende – Wirkung hin. Ein Minus-Symbol in Dreiviertelkreis würde auf eine ausgleichende Rückkopplung zwischen Systemelementen bzw. für das Gesamtsystem hindeuten

Die Wirkungsbeziehungen in Abb. 3.3 – wie auch die in Abb. 3.4 – sind weitgehend selbsterklärend. Trotzdem soll eine kurze Erläuterung in das Lesen und Verstehen der Wirkungsnetz-Abbildungen[3] einführen, die sich deutlich von üblichen Darstellungen (Tabellen, Listen, Ablaufpläne, Rankings etc.) unterscheiden, aber gleichwohl die behandelten Aufgabenkomplexe realistischer abbilden, als es die üblichen und oft linearen Beziehungsmuster vermögen.

Das sogenannte Wirkungsnetz in Abb. 3.3 besitzt drei verschiedene Systemelemente, die in qualitativer Wirkungsbeziehung miteinander stehen. Bestreben jedes Wirkungsnetzes – in der Natur z. B. die Nahrungsnetze von Organismen – ist es, eine fehlertolerante Gesamtstabilität zu erreichen, die Fortschritte ohne große Folgeprobleme ermöglicht.

Die Natur wendet (evolutionäre) Wirkungsnetzstrategien seit Jahrmilliarden höchst erfolgreich an. Die Technik vollbringt seit Jahrhunderten, mit ihren zielorientierten Entwicklungsstrategien imposante Fortschritte im Detail. Begleitet werden diese jedoch von nicht weniger eindrucksvollen Rückschritten bei der Einbettung der Techniklösungen in das natürliche und soziale Umfeld.

Die Suche nach natürlichen Vorbildern für die Bionik zeigt in Abb. 3.3 einen Rückkopplungskreislauf, der wie folgt gedeutet werden kann: Je mehr die Geheimnisse der Natur entschlüsselt werden, umso höher ist die Wahrscheinlichkeit, dass deren werthaltige Prinzipien, Funktionen, Strukturen, Formen, Prozesse bzw. Organisationen durch die Bionik in potentielle Techniklösungen transferiert werden können. Die Anzapfung der Quelle natürlicher Vorbilder kann – nach Abb. 1.3 – auf zwei Wegen erfolgen, dem inspirativen erkenntnissuchenden und dem pragmatischen ingenieurtechnischen.

Aus systemischer Sicht wird deutlich: Die Bionik bedient sich in der hochkomplexen Natur und dient für ein ebenso komplexes Technikumfeld. Sich auf bionische Detaillösungen zu konzentrieren bedeutet zugleich potentielle Folgeprobleme auszublenden, die durch achtsame Berücksichtigung realer vernetzter Einflüsse durchaus vermeidbar wären.

Die nur in einem Ausschnitt wiedergegebene Wirkungsvernetzung der Systemischen Bionik in Abb. 3.4 lässt eine weitaus höhere strukturelle Komplexität gegenüber dem klassischen Weg der Bionik in Abb. 3.3 erkennen. Über diesen systemischen Bionik-Pfad nähert man sich der Realität – und somit der Erfassung von

---

[3] Eine Vielzahl von Büchern (s. Literaturverzeichnis) aus den 1970er und 1980er Jahren bis heute liefert ein sehr gutes Fundament im Umgang mit Systemen: „Systemdenken als Werkzeug" 1977, „Leitmotiv vernetztes Denken" 1988, „Anleitung zum ganzheitlichen Denken und Handeln" 1988, „The Fifth Discipline" 1994, „Seeing the Forest for the Trees" 2002, „Denken in Wirkungsnetzen" 2013 u. a. m.

Externalitäten, Nebeneffekten und der vorausschauenden Vermeidung möglicher Folgeprobleme etc. – wesentlich schneller. Sechs herausgestellte Wirkungsbeziehungen sollen – stellvertretend für andere – kurz interpretiert werden.

1. *Negative* Wirkung von *Folgelasten auf Natürliche Systeme.*
   Je stärker die Folgelasten (technischer Prozesse) für Natur und Umwelt sind, desto geringer sind die von der Natur bereitgestellten Leistungen (und weiter: desto weniger kann die Bionik von Naturvorbildern profitieren).
2. *Negative* Wirkung von *Systemischem Denken und Handeln auf Bionik.*
   Je stärker eine neue systemische Sicht auf die konventionelle Detail-Bionik einwirkt, desto schwächer wird deren isolierte Entwicklungsstrategie (bzw. desto stärker wird die konventionelle Bionik in das reale systemische Umfeld eingebunden).
3. *Negative* Wirkung von *Fortschritten bewährter Techniklösungen auf Bionik.*
   Je stärker die rein technisch-wirtschaftlichen Fortschritte gesellschaftliche und natürliche Lebensräume dominieren, desto schwerer hat es die Bionik – mit wenigen Ausnahmen –, im Wettbewerb des Marktes nachhaltig zu bestehen. Wobei erfahrungsgemäß ergänzt werden kann, dass sich Fortschritte in der Technik wesentlich schneller in einen gewachsenen Markt integrieren lassen als neue Bionik-Lösungen, und seien sie noch so effizient (positive Wirkung von Fortschritten bewährter Techniklösungen auf Technische Systeme).
4. *Positive* Wirkung von *Natürlichen Systemen auf Bionik.*
   Bionische Lösungen leben von Erkenntnisprozessen über natürliche Systeme. Je größer die Biodiversität ist, desto mehr intelligente Naturlösungen können erkannt und für die Bionik genutzt werden.
5. *Positive* Wirkung von *Pseudobionik auf Fortschritte bewährter Techniklösungen.*
   Je stärker pseudobionische Lösungen in den Markt drängen, deren langfristige Kostenschöpfung – nicht gleichzusetzen mit einer Wertschöpfung(!) – zweifelhaft ist, desto stärker konzentriert sich der Markt auf bewährte Techniklösungen und deren Fortschritte.
6. *Positive* Wirkung von *Folgelasten auf Externe Kosten/Umweltkosten.*
   Je stärker sich Folgelasten – aus kurzfristigem(!) Gewinnstreben im Markt – zeigen, desto stärker wirken sich externe Kosten bzw. Kosten für rekonstruktive Umweltschäden auf das Portfolio aus und desto größer zeigt sich der effektive Gewinnverlust.

▶ **Ergänzung zu Wirkungsbeziehung 6** So würde ein Wirkungspfad im Wirkungsnetz für nachhaltiges Wirtschaften bzw. nachhaltiges (bionisches) Management aussehen. Die Realität ist – über Jahrzehnte gesehen, trotz unverkennbarer Fortschritte im Detail in Richtung Nachhaltigkeit – erkennbar anders. Die Regel ist: Unternehmerische Gewinne werden privatisiert und Folgekosten sozialisiert. Anders ausgedrückt: Das Fundament für nachhaltige systembionische Fortschritte, die vernetzte dynamische Natur, wird auf Kosten kurzfristigen technisch-wirtschaftlichen Strebens nach Erfolg sukzessive weiter zerstört.

Der Natur ihre technischen Geheimnisse zu entlocken ohne sie blind zu kopieren, fordert das Systemdenken; sie für fehlertolerante nachhaltige Anwendungen auszuführen, fordert das Systemhandeln. Und beide sind eng miteinander verbunden.

3.4   Qualitätskontrolle im Wirkungsnetz der Systemischen Bionik

Qualitätskontrollen sind das A und O jedes Fortschritts. Das gilt auch für die ganzheitliche Entwicklungsstrategie der Systemischen Bionik. Ihre Qualität basiert auf dem Zusammenspiel von drei vernetzen Qualitätsmerkmalen in dem in Abb. 3.5 aufgespannten Qualitäts- bzw. Optimierungsraum der Systemischen Bionik:

Systemische Bionik-Qualität 1. Natürliches Vorbild
Systemische Bionik-Qualität 2. Technische Umsetzung
Systemische Bionik-Qualität 3. Vernetzte Nachhaltigkeit.

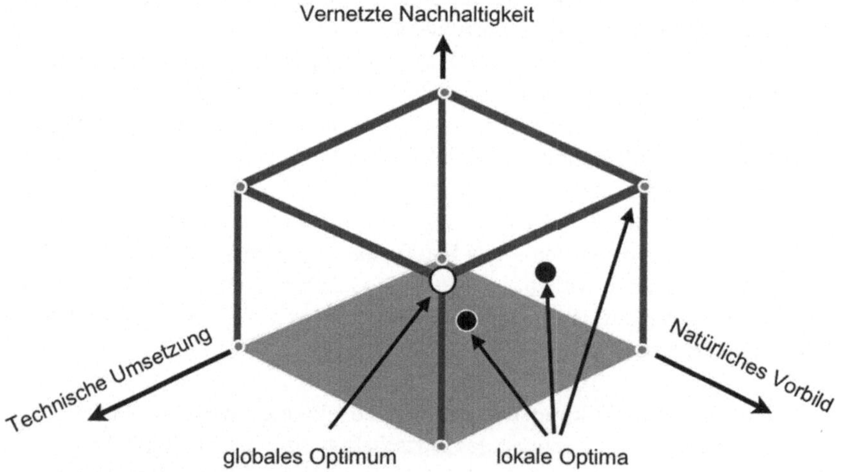

Abb. 3.5 Qualitäts- bzw. Optimierungsraum der Systemischen Bionik

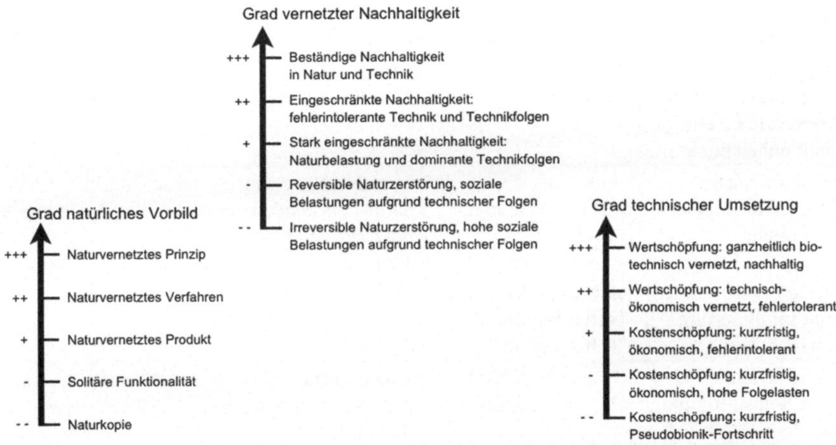

Abb. 3.6 Graduelle Achsen-Einteilung der Kriterien zur Messung bzw. vergleichenden Bestimmung von Bionik-Lösungen im Qualitäts- bzw. Optimierungsraum nach Abb. 3.5

Abbildung 3.6 zeigt den sogenannten *Systembionischen Qualitäts- bzw. Optimierungsraum,* der durch die drei vorab genannten Qualitätsachsen aufgespannt wird. Das Beste aller Ergebnisse einer Entwicklung der Systemischen Bionik ist dann erreicht, wenn die höchsten Qualitäten auf den drei Werteachsen zusammenfallen (globales Optimum).

Jeder Ansatz einer bionischen Entwicklung ist in dem abgebildeten Qualitätsraum positionierbar. Die grob gestufte Einteilung auf den Achsen des Würfels in Abb. 3.5 kann nur ein erster Ansatz zur *ganzheitlichen* Erfassung bzw. Messung von Qualitäten bionischer Resultate sein. Immerhin scheint erstmals eine realitätsnahe Bewertung des Ergebnisses einer bionischen Entwicklung möglich, die sowohl den vernetzten Einflüssen in Natur und Technik als auch dem Qualitätskriterium Nachhaltigkeit Rechnung trägt.

Zur Demonstration greifen wir aus der großen Zahl von Bionik-Lösungen fünf heraus und ordnen sie – nach subjektiver Auswahl der Qualitätskriterien – den drei Qualitätsachsen zu, nicht ohne darauf hinzuweisen, dass eine realitätsnahe fundierte Qualitätsbewertung bionischer Lösungen den Rahmen dieser Arbeit sprengen würde (Tab. 3.1).

Tab. 3.1 Fünf Beispiele bionischer Lösungen mit (subjektiv) zugeordneten Achsenpositionen des Qualitäts- bzw. Optimierungsraums nach Abb. 3.5

Organismus-Prinzip, -Verfahren, -Produkt, vernetzte belebte und unbelebte Welt	Grad des natürlichen Vorbilds	Grad der vernetzten Nachhaltigkeit	Grad der technischen Umsetzung
Baum Prinzip: Axiom konstanter Spannung	+++ Astverzweigungen	−−/− Nutzung von natur-belastenden, teils hochgiftigen Stoffen	+ im Markt
Natürliche Fließsysteme Prinzip: Entropie-minimierung	+++ freie Fließgewässer der Natur, biologische Rohrsysteme	+ Elemente von technischen Rohrsystemen mit teils naturbelastenden Stoffen	+ in fortgeschrittener Entwicklung
Pflanzenblatt Prinzip: Selbstreinigung	+++ strukturierte Blattoberfläche	+ technische Elemente mit teils naturbelastenden Stoffen	+ im Markt
Straußenei Produkt: Eierschale, Verbundmaterial, Atmungsfunktion	++/+ Schalenstruktur, permeabler Gastransport	−− z. Zt. Funktionsnachweis nur mit Kunststofffolie als Trägermaterial	+ in fortgeschrittener Entwicklung
Kofferfisch Produkt: Körperform Fluiddynamik	+ Gestalt mit geringem Strömungswiderstand	−−/− Nutzung von natur-belastenden, teils hochgiftigen Stoffen	− Museumsmodell

Epilog mit Blick in eine unsichere Zukunft

4

„Won't get fooled again."
The Who

Welchen gesellschaftlichen Stellenwert wird die Disziplingrenzen durchdringende Wissenschaft Bionik bzw. Systemische Bionik zukünftig besitzen, angesichts zunehmender Ausbeutung von begrenzten Rohstoffen bzw. Energieträgern der Natur? Vermutlich einen sehr hohen, wenn nachhaltige Qualitätskriterien zunehmend im Fokus technischer wirtschaftlicher bzw. gesellschaftlicher Weiterentwicklung geraten. Denn die ganzheitliche Methodik, die der Systemischen Bionik innewohnt, schützt wertvolles Leben, statt es zu zerstören. Die für uns oft unsichtbaren energetischen, stofflichen und kommunikativen Netzwerke bleiben uns dadurch als wertvolle biologische Ressource für bionische nach- und werthaltige Prozesse erhalten.

Das Gegenteil würde eintreten und sich noch verstärken, wenn wir unsere anerzogenen und stetig fortgeschriebenen Routinen weiter laufen lassen. Der unwiederbringliche Verlust einzelner Lebewesen[1] pflanzt sich unter Umständen über kleinräumige Biotope bis zu großräumigen Regionen fort. Ressourcenausbeutung fossiler Energieträger an Land und im Meer sind hierzu anschauliche Beispiele. Vermutlich sind durch die Biodiversitätsverluste auch Arten betroffen, die noch völlig unbekannt sind und die möglicherweise Qualitäten besitzen, die uns Menschen das Überleben erleichtern könnten. Um es auf den Punkt zu bringen:

---

[1] Vgl. Millennium Ecosystem Assessment, 2005. *Ecosystems and Human Well-being: Biodiversity Synthesis*. World Resources Institute, Washington, DC.

© Springer Fachmedien Wiesbaden 2015
E. W. Udo Küppers, *Systemische Bionik*, essentials,
DOI 10.1007/978-3-658-09212-2_4

Wir sind besorgt und betreiben – vorrangig mit kurzsichtigen Mitteln – nachträglichen „Natur- und Umweltschutz" für die Zukunft. Jedoch: Die Zukunft ist ungewiss! Das ist unser Dilemma.

Wir können die Risiken der Zukunft, begleitet von einem zunehmend zerstörten Wissensfundament der Systemische Bionik, vermutlich dadurch begrenzen, dass wir – klarer und zielstrebiger – unser gängiges, linear-kausales Denken und Handeln in komplexer Umwelt, dort, wo es unabdingbar ist – in Frage stellen. Denn unstreitig ist, dass von Menschen gesteuerte Prozesse teils mehr Folgeprobleme aufwerfen, als sie nachhaltige Werte aus deren Fortschritten erzielen.

Es sind Prinzipien des ganzheitlichen Systemansatzes der Natur, die uns helfen können, eine unsichere Zukunft zu meistern – nicht morgen oder übermorgen. Aber wir sollten heute damit beginnen.

Die *Systemische Bionik* ist im Konzert vieler Möglichkeiten, *nachhaltige* Entwicklungen umwelt-, sozialverträglich und werthaltig auf den Weg zu bringen, nur eine Variante – vielleicht nicht die Unbedeutendste.

Wenden wir uns ab von der „*Macht der Gewohnheit*" (Duhigg 2012, Küppers 2014) und lassen die „*Ohnmacht der Nachhaltigkeit*" hinter uns. Der beste Weg dahin ist, in jeder Schule ein Pflichtfach „Nachhaltigkeit" zu verankern. Bionik-Beispiele könnten herangezogen werden, um deutlich zu machen, dass bestimmte Prozesse nachhaltiger als andere sind und manch eine Praxis des Alltags – oft unsichtbar – mit Problemen verknüpft ist, die erst zeitversetzt ihre belastenden Wirkungen zeigen. Der oft falsch verwendete Begriff „Nachhaltigkeit", der auch Überlebensfähigkeit beinhaltet, muss wieder in seiner ursprünglichen Bedeutung gestärkt werden. Und wo können wir damit besser beginnen als bei Kindern und Jugendlichen.

Was Sie aus diesem Essential mitnehmen können

- Sie verstehen die Bedeutung der Systemischen Bionik als Grenzen überwindende Disziplin und welchen Wert sie für ganzheitliche Problemlösungen bietet.
- Sie erhalten Informationen darüber, welchen Wert eine intakte Natur für die Systemische Bionik bereithält bzw. bereithalten kann.
- Sie nehmen Informationen über die zentrale Bedeutung des Begriffs Nachhaltigkeit in Natur, Technik und Gesellschaft mit.
- Sie verstehen, warum ganzheitliches Denken und Handeln für gegenwärtige und neue Problemlösungen werthaltiger ist als das noch dominierende anerzogene Festhalten an monokausalen Routinen des Denkens und Handelns.

© Springer Fachmedien Wiesbaden 2015
E. W. Udo Küppers, *Systemische Bionik*, essentials,
DOI 10.1007/978-3-658-09212-2

Literatur

Altvater, Elmar. 2014. Dunkle Sonne. In Le Monde diplomatique, deutsche Ausgabe, November 2014, 1, 20–21, Berlin: taz

Barthlott, Wilhelm., und Christoph Neinhuis. 1997. Purity of the sacred lotus, or escape from contamination in biological surfaces. *Planta* 202 (1): 1–8.

Bossel, Hartmut. 2004. *Systeme dynamik simulation.* Norderstedt: Books on Demand GmbH.

Campbell, A. Neil, et al. 2006. *Biologie, 6. aktual. Aufl.* München: Pearson.

von Carlowitz Hannß Carl. 2000. Silvicultura oeconomica; Anweisung zur wilden Holzzucht. Reprint der Ausgabe Leipzig, Braun, 1713 durch die Bibliothek „Georgius Agricola" TU Bergakademie Freiberg.

Costello, Mark. J, et al. 2013. Can we name Earth's species before they go extinct? *Science* (25 Jan) 339 (6118): 413–416.

Duhigg, Charles. 2012. *The power of habit. Why we do what we do and how to change.* London: Randomhouse.

Forrester, Viviane. 1997. *Der Terror der Ökonomie.* Wien: Zsolnay.

Fuhrmann, Horst. 1998. *Überall ist Mittelalter.* 3. Aufl. Wiesbaden: C.H. Beck.

Gandolfi, Alberto. 2001. *Von Menschen und Ameisen. Denken in komplexen Zusammenhängen, deutsche Ausgabe.* Zürich: Orell Füssli.

Gleich, Michael, et al. 2000. *Life counts.* Berlin: Berlin.

Gomez, Peter, und Gilbert Probst. 1999. Die Praxis des ganzheitlichen Problemlösens, 3. Aufl. Basel: Haupt.

Haken, Hermann. 1982. *Synergetics, introduction and advanced topics, 2. erw. Aufl.* Heidelberg: Springer.

Hertel, Heinrich. 1963. *Struktur Form Bewegung.* Mainz: Krausskopf.

Heynert, Horst. 1976. *Grundlagen der Bionik.* Berlin: VEB Deutscher Verlag der Wissenschaft.

Hoornweg, Daniel, et al. 2013. Waste production must peak this century. *Nature* (31. Oct.) 502: 615–617.

Kahn, Peter, H. Jr. 2011. *Technological nature: Adaptation and the future of human life.* MA: MIT Press.

Klaus, Georg, und Heinz Liebscher. Hrsg. 1976. *Wörterbuch der Kybernetik.* Berlin: Dietz.

Küppers, Udo. 1983. *Randwirbelteilung durch aufgefächerte Flügelenden, Fortschrittberichte der VDI-Zeitschriften: Reihe 7, 81.* Düsseldorf: VDI.

© Springer Fachmedien Wiesbaden 2015
E. W. Udo Küppers, *Systemische Bionik,* essentials,
DOI 10.1007/978-3-658-09212-2

Küppers, Udo. 2007. Natureffiziente Lösungen erobern die Technik. In HLH Lüftung/Klima – Heizung/Sanitär – Gebäudetechnik, Bd. 58, Teil 1, Nr. 11, 58–61; Teil 2, Nr. 12, 34–38, Düsseldorf: Springer-VDI.

Küppers, Udo. 2014. Macht der Gewohnheit – Ohnmacht der Nachhaltigkeit? In Zukunftsfähig. Forschung/Transfer/Anwendung. Bremen 2014., 30–33, Die Senatorin für Bildung und Wissenschaft, Bremen (Hrsg.): Bremen.

Küppers E. W. Udo, und Jan-Philipp, Küppers. 2013. Ein Pakt für das Gemeinwesen. Über das vertagte vernetzte Denken in komplexen Räumen der Politik, In *ZPB, Zeitschrift für Politikberatung*, 3–4, 177–183. Baden-Baden: Nomos.

Lewin, Roger. 1996. *Die Komplexitätstheorie*. München: Droemersche Verlags- anstalt Th. Knaur Nachf.

Lilienthal, Otto. 1889. *Der Vogelflug als Grundlage der Fliegekunst. Ein Beitrag zur Systematik der Flugtechnik*. Berlin: Gärtner.

Mainzer, Klaus. 2008. *Komplexität*. Paderborn: W. Fink.

Mathé, Jean. 1980. *Leonardo da Vinci Erfindungen*. Fribourg-Genève: Liber SA.

Mitchell, Sandra. 2008. *Komplexitäten. Warum wir erst anfangen, die Welt zu verstehen*. Frankfurt a. M: Suhrkamp.

Nachtigall, Werner. 1998. *Bionik, Grundlagen und Beispiele für Ingenieure und Naturwissenschaftler*. Heidelberg: Springer.

PlasticsEurope. 2013. Final plastics, the facts, an analysis of European latest plastics production, demand and waste data, October.

Prigogine, Ilya, und Isabelle, Stengers. 1990. *Dialog mit der Natur, Neue Wege naturwissenschaftlichen Denkens*, 2. Aufl. München: Piper.

Richter, Klaus, und Jan-Michael, Rost. 2002. *Komplexe Systeme*. Frankfurt a. M: S. Fischer.

de Rosnay Joël. 1977. *Das Makroskop, Systemdenken als Werkzeug, Reinbek b.* Hamburg: Rowohlt.

Senge, Peter. 2011. *Die Fünfte Disziplin*. 11. Aufl. Stuttgart: Schäffer-Pöschel.

Sherwood, Dennis. 2002. *Seeing the Forest for the Trees*. London: Brealey.

Ulrich, Hans, und Gilbert J. B. Probst. 1988. *Anleitung zum ganzheitlichen Denken und Handeln*. Bern: Haupt.

Vester, Frederic. 1985. *Neuland des Denkens*. 3. Aufl. Stuttgart: dtv.

Vester, Frederic. 1988. *Leitmotiv vernetztes Denken*. München: Heyne.

Wallace, G. Gordon. et al. 2014. *Organic Bionics*. Wiesbaden: Wiley VCH.

von Weizsäcker, Ernst, Hrsg. 1974. *Offene Systeme I*. Stuttgart: Klett.

Wiener, Norbert. 1963. *Regelung und Nachrichtenübertragung im Lebewesen und in der Maschine, 2. deutsche Aufl.* Düsseldorf: Econ.

World Commission on Environment and Development (WCED). 1987. *Our Common Future*. Oxford: University Press. Siehe auch: Hauff, Volker (Hrsg.) (1987): Unsere gemeinsame Zukunft. Der Brundtland-Bericht der Weltkommission für Umwelt und Entwicklung. Eggenkamp: Greven.

World Resources Institute. 2005. Millennium ecosystem assessment. ecosystems and human well-being: Biodiversity synthesis. Washington, DC.

Zhabotinsky, Anatoli. M. 1964. Eine periodische Oxydationsreaktion in flüssiger Phase. In *Selbstorganisation chemischer Strukturen*, Hrsg. L. Kuhnert, and U. Niedersen, 83–89. Frankfurt a. Main: Harri Klein.

Sachverzeichnis

© Springer Fachmedien Wiesbaden 2015
E. W. Udo Küppers, *Systemische Bionik*, essentials,
DOI 10.1007/978-3-658-09212-2